2012

VOYAGE
EN PERSE.

8° O²h
40

DE L'IMPRIMERIE DE J. MAC CARTHY,
rue des Petites-Ecuries, nº 47.

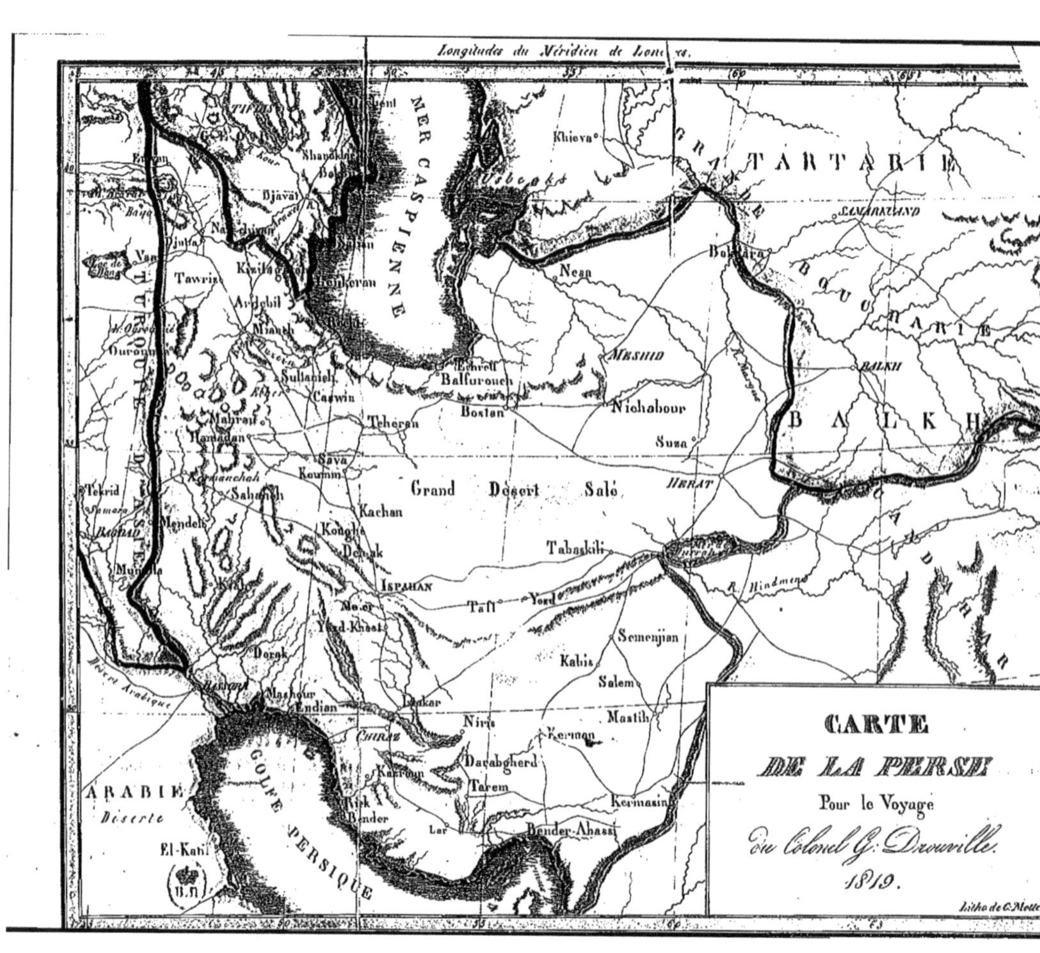

Longitudes du Méridien de Londres.
MER CASPIENNE
GRANDE TARTARIE
SAMARKAND
BOUCHARIE
Khieva
Usbecks
Boukhara
Nesa
MESHID
BALKH
Nichabour
Suza
HERAT
BALKH
Grand Desert Salé
Tabaskili
R. Hindmend
TURQUIE
Erivan
Shanakin
Djavat
Nakhiyan
Tawris
Kizilaga
Ardebil
Miaah
Sultanieh
Caswin
Teheran
Bostan
Echrett
Balfurouch
Mahrat
Hamadan
Sava
Koumm
Tekrid
Kermanchah
Sahaneh
Kachan
Mendeli
Kouche
Demak
Morulla
ISPAHAN
Kirul
Taft
Yezd
Semenjian
Meer
Yezd-Khast
Kabis
Salem
Dorak
Mastih
Mashour
Endian
Dakar
Niris
Kerman
Chiraz
Darabgherd
Kazroun
Tarem
Kermasin
Risk
Bender
Lar
Bender-Ahassi
ARABIE
Deserte
El-Kahi
GOLFE PERSIQUE
Desert Arabique
BAGDAD
Diarbek
BALKH
AZDHEROU
R. Margue

CARTE
DE LA PERSE
Pour le Voyage
du Colonel G. Drouville.
1819.
litho de C. Motte

VOYAGE EN PERSE,

FAIT EN 1812 ET 1813;

Par GASPARD DROUVILLE,

Colonel de cavalerie au service de S. M. l'Empereur de toutes les Russies, Chevalier de plusieurs ordres.

SECONDE ÉDITION.

TOME II.

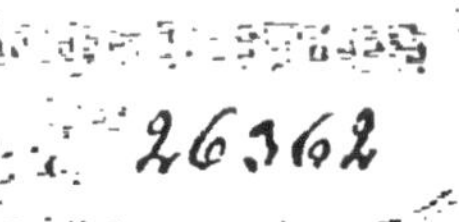

A PARIS,

A LA LIBRAIRIE NATIONALE ET ÉTRANGÈRE,

RUE DES PETITES-ÉCURIES, N° 47.

1825.

VOYAGE EN PERSE.

CHAPITRE XXV.

DES BEGLIERBEYS, DE LEUR AUTORITÉ ET DE LEURS REVENUS.

LES beglierbeys, dont j'ai déjà parlé plusieurs fois, sont des khans des premières familles de l'empire, qui ont rendu, de père en fils, des services à l'état, ou plus souvent, comme cela se voit sous le roi actuel, ce sont des parens de ses femmes ou de ses maîtresses.

Ils sont chargés du gouvernement d'une ou de plusieurs provinces; leur autorité porte souvent ombrage au souverain, avec d'autant plus de raison, qu'ils se rendent indépendans sans scrupule aussitôt qu'ils croient pouvoir le faire avec impunité, et donner des prétextes plausibles de rébellion à un peuple toujours inconstant et avide de nouveautés : la formation des troupes régulières rendra désormais la chose plus difficile.

Pour se mettre à l'abri de ce danger, le roi confie à ses fils les gouvernemens considérables et ceux dont la population turbulente peut faire craindre un événement de ce genre. Il se rappelle que ce fut pour avoir négligé cette précaution, que Schah-Husseim fut renversé du trône : ce monarque, qui avait beaucoup d'enfans, les tint dans l'inaction auprès de lui, au lieu de les mettre à la tête des provinces dont il soupçonnait les gouverneurs, et fut réduit à la nécessité d'abdiquer après avoir vu son fils Thamas-Mirza, le seul qui s'échappa d'Ispahan, méconnu dans les provinces sur les secours desquelles il comptait le plus.

Fatey-Aly-Schah a donc donné aux plus âgés et aux plus instruits de ses fils les grands gouvernemens, tels que ceux d'Azerbidjan, du Korassan, de l'Irack-Adjémi, du Farsistan, du Mazandéran et du Kermanchah. Chacune de ces provinces a encore trois ou quatre gouverneurs d'un rang inférieur, qui ont aussi le titre de beglierbey, mais qui sont sous l'autorité immédiate des princes investis des vice-royautés. Celle de l'Azerbidjan est la plus considérable, car elle comprend, outre la presque totalité de l'ancienne Médie, près des deux tiers de l'Arménie, devenue aujourd'hui provinces d'Aran, du Guilan et du Chassevan, qui faisaient partie de l'ancienne Hircanie. Quant aux princes, trop jeunes encore pour diriger un grand gouvernement, ils ont pour apanages de simples cantons; d'autres seulement une ville ; tels sont ceux qui gouvernent Zendjan, Casbin, Béroudjerd, Astrabad, etc.

La capitale de l'Azerbidjan est Tébris. Le prince royal y fait sa résidence, et les chefs-lieux des districts qui en dépendent sont : Khoï, Ourouméa, Maraqua, Erivan, Sofian et Aher. Chacun d'eux est gouverné par un beglierbey, dont l'autorité a été fortement réduite depuis que le prince royal surveille l'administration; cela n'empêche pas ces fonctionnaires de commettre de temps à autre des exactions exorbitantes, qui sont impunies quand elles échappent à sa connaissance.

Les beglierbeys qui ne relèvent que du roi jouissent dans leurs gouvernemens d'un pouvoir égal au sien. Ils y exercent une autorité absolue, qui s'étend jusqu'au droit de vie et de mort. Ils ont une cour nombreuse, et des gardes qui ne prennent cependant que le titre de neuker (domestique). Ils donnent assez souvent le nom de visir à ceux de leurs mirzas sur lesquels ils se reposent du soin des affaires. Ces derniers, à qui les beglierbeys s'en rapportent presque toujours, ne sont à bien dire que les espions des ministres du roi, dont ils tiennent leur emploi : ils les instruisent en conséquence de toutes les actions de leurs maîtres, et surtout de leurs dispositions à l'égard de l'autorité royale.

Chaque beglierbeys, pour conserver la faveur du ministre, est obligé de lui faire tous les ans, après les récoltes, un présent considérable. Celui-ci envoie des domestiques de confiance chez tous ses protégés pour recueillir les fruits de leur reconnaissance. La récolte est souvent fort considérable; car le kaima-khan de Tébris, qui ne tire ces sortes de rétributions que du petit nombre des gouverneurs qui dépendent de l'Azerbidjan, ne s'en fait pas moins un revenu de quarante mille tomans, tandis que ses appointemens réguliers ne sont que de sept cents.

La manière de percevoir les contributions est toujours arbitraire et souvent atroce;

aussi est-il peu d'habitans qui n'enfouissent une partie de leur fortune.

Quand un gouverneur a besoin de quelques mille tomans, soit pour le prince, soit pour lui-même, il charge son daroga de les lui procurer, et celui-ci envoie ses subalternes signifier à chacun des contribuables qu'il ait à fournir aussitôt telle somme. Ceux à qui on la demande ont quelquefois payé deux ou trois fois ; mais comme on ne leur communique jamais les registres qu'on tient à cet effet, et que par conséquent ils ne peuvent justifier les faits, on les oblige à payer de nouveau. Si le contribuable s'y refuse, comme cela arrive souvent, autant par entêtement que par impossibilité, il est conduit chez le gouverneur, qui lui fait appliquer la bastonnade sur la plante des pieds jusqu'à ce qu'il consente à payer, et on ne lui laisse pas un instant de repos qu'il n'ait versé la somme à laquelle il a été imposé.

Quand la contribution est trop considérable pour être fournie tout à-la-fois, et qu'on en a un besoin pressant, les darogas mandent les doyens de chaque métier ou de chaque branche de commerce, et ils les obligent à trouver et à compter ces sommes dans quelques heures au plus tard. Les doyens parcourent aussitôt les boutiques de leurs coadministrés, et en tirent à l'instant même leur quote-part. S'ils sont sans argent, ils saisissent leurs marchandises et paient pour eux. Quant aux simples ouvriers, ils sont battus jusqu'à ce qu'ils consentent à emprunter pour satisfaire sur-le-champ la quote-part de la contribution.

Lorsque, dans les gouvernemens, des personnes riches et d'un certain rang négligent de venir rendre leurs devoirs aux beglierbeys, ceux-ci prennent prétexte de cette négligence pour les condamner à des amendes considérables, qui doivent être payées de suite et à leur profit. Il est cependant des seigneurs qui les leur refusent et qui les bravent ; mais cela n'est pas sans danger dans un pays où le vent de la faveur est si variable.

Il est très-difficile, pour ne pas dire impossible, de connaître les revenus des gouverneurs de provinces ; toutes sortes d'exactions leur étant permises, ils gardent pour eux tout ce qui excède le revenu du prince, qui n'est souvent pas la dixième partie de ce qu'ils prélèvent. Ils ont des espions chez tous les artisans qui les instruisent de tout ce que ceux-ci font ou débitent, et nul article n'est exempt d'impôt.

Les gouverneurs ont ordinairement la surintendance des nomades, qui sont nombreux, et paient en raison des troupeaux qu'ils possèdent. Les Curdes qui habitent des montages très-froides en hiver, et où leurs bestiaux périraient, passent cette saison dans des provinces de la Perse un peu plus tempérées, où ils trouvent toujours des herbages et de l'eau excellente (1).

Les tribus de Hékary et de la plaine, qui sont sous la dépendance et la protection du prince royal, viennent plus particulièrement chaque année, avec des troupeaux immenses, profiter des excellens pâturages qu'offrent les vallées et les plaines de la Perse. Elles sont gouvernées par des begs qui, en temps de guerre, fournissent au prince un certain nombre d'hommes à pied et à cheval; mais dès l'instant que ces milices touchent le territoire de la Perse, elles sont complétement entretenues par le roi.

---

(1) Les Curdes, tributaires du prince royal, et qui lui fournissent des troupes en temps de guerre, sont exempts de tout impôt dans l'étendue de l'Azerbidjan.

En 1813, le beglierbey d'Ourouméa se permit chez ces peuples quelques exactions; ils se réunirent aussitôt et firent des incursions si terribles, ravageant et pillant tout, qu'à la fin le prince royal, instruit des motifs qui avaient provoqué cette vengeance de leur part, retira l'intendance de leurs tribus à cet avare gouverneur, et la rendit à Asker-Khan l'Afchard, dernier ambassadeur de Perse à la cour de France, qui l'avait exercée avant d'accepter cette mission. Celui-ci perçoit très-exactement les revenus du prince qui lui en abandonne le dixième. Il convoque en cas de besoin le contingent de chaque district, et il en conserve le commandement tant que dure la guerre.

Les beglierbeys ont aussi le revenu des douanes établies sur les routes; mais elles sont si mal organisées et si mal servies, que les misérables qui les afferment n'y restent jamais plus d'un an, parce que la totalité des recettes suffit à peine à leurs propres besoins, et que la majeure partie d'entre eux expire sous le bâton, faute de pouvoir satisfaire à leurs engagemens.

Les bains publics sont aussi sujets à payer des droits; et comme ils appartiennent souvent lux communes, les gouverneurs y placent quelques-uns de leurs domestiques, qui perçoivent de chacun des baigneurs une rétribution toujours très-onéreuse à la classe du peuple, parce qu'elle est en sus du prix des bains, déjà assez chers à cause de la rareté du bois dans la majeure partie de la Perse.

Autrefois l'autorité des beglierbeys s'étendait sur les troupes dont ils disposaient pour ainsi dire à leur volonté, sans que le souverain osât y trouver à redire ; mais aujourd'hui l'armée, régulièrement organisée et à la dévotion absolue du prince royal, a porté un coup mortel à leur pouvoir ; l'autorité royale est seule reconnue, au grand mécontentement de ces orgueilleux gouverneurs qui se voient forcés de mettre un terme à leurs exactions, parce que les troupes protègent les contribuables contre leur tyrannie qui étouffait les plaintes les plus justes. C'est ainsi que des armées permanentes, objet de terreur pour certains peuples policés, sont le seul moyen peut-être de rétablir l'ordre public dans des états moins avancés dans la civilisation.

CHAPITRE XXVI.

LITTÉRATURE, POÉSIE, MUSIQUE, COMÉDIE ET DANSE DES PERSANS.

AUTREFOIS les belles-lettres étaient cultivées en Perse avec un soin extrême; mais depuis que les guerres civiles ont désolé ce vaste empire, elles sont bien négligées, et on les a presque oubliées.

Il reste cependant une quantité prodigieuse d'excellens ouvrages, la plupart très-anciens; mais outre que les exemplaires en sont rares, il serait fort difficile de les multiplier dans un pays où l'imprimerie n'est pas connue. D'un autre côté, la plupart de ces précieux manuscrits appartiennent à des grands qui ne se soucient pas de les prêter, surtout à des Européens, depuis qu'ils ont vu l'empressement que ceux-ci mettaient à les rechercher.

Les poésies de Sady, d'Hafis et de Ferdusy, y sont singulièrement estimées; et il n'est personne qui n'en ait quelques vers gravés dans la mémoire. La langue persane étant riche et sonore, la poésie en tire un avantage précieux, suivant le rapport de savans orientalistes en état d'en juger. Un des plus estimables, sir Williams Jones, l'auteur de la grammaire anglaise et persane, à qui nous devons l'intéressante traduction de la vie de Nadir-Schah, par Mirza-Mahadi, paraît regretter que Voltaire n'ait pas connu la langue persane, pour nous présenter, dit-il, sous les formes européennes, les excellentes productions de ce pays ; elles passeraient chez nous, comme ailleurs, pour des chefs-d'œuvre inimitables : MM. Langlès, de Sacy, et plusieurs autres orientalistes distingués, se sont occupés avec beaucoup de succès à remplir cette tâche.

Les fables allégoriques des Persans ont surtout un sens moral très-délicat, et l'on y retrouve avec plaisir le goût et les formes aimables de ce peuple jadis si distingué et si digne d'admiration. Sir Williams Jones en a traduit quelques-unes en anglais, qu'il a insérées dans sa grammaire. Je me contenterai de rapporter la suivante de Sady, traduite littéralement, pour faire connaître le genre de

cet homme célèbre que les Persans ont sur-
nommé le roi des poètes.

« Un jour que j'étais au bain, un ami me
» présente un morceau de terre parfumée (1);
» je le pris, et lui dis : Es-tu donc du musc
» ou de l'ambre, toi qui charmes aussi déli-
» cieusement mes sens? Il me répondit aussi-
» tôt: Hélas! je n'étais qu'un simple morceau
» de terre; mais ayant été quelque temps en
» société avec la rose, elle m'a communiqué
» ses douces qualités, j'en ai retenu quelques-
» unes; ce sont elles qui causent aujourd'hui
» ta surprise et m'attirent ton attention, sans
» cela je ne serais encore qu'une méprisable
» parcelle de terre, ainsi que je te parais
» l'être. »

Les Persans sont très-sentencieux, parce
que leurs poètes ont fait une infinité de pro-
verbes qui sont en grande partie traduits
dans toutes les langues de l'Europe. Ils emploient dans leurs romances et dans leurs

---

(1) Sir Williams Jones a traduit terre parfumée
par les mots scented clay, et je remarquerai comme lui
qu'on distingue par-là de petits morceaux de terre
calcaire résinée et pétrie avec des parfums, dont on se
sert souvent au bain de préférence au savon.

poésies des comparaisons gigantesques, qui sont néanmoins remplies d'esprit et de goût. Ils n'y chantent presque jamais que les femmes, le vin, les fleurs et les rossignols, comme on peut le voir d'après plusieurs traductions faites par MM. d'Herbelot, Petis de la Croix et autres savans orientalistes.

Les langues en usage en Perse sont la persane, l'arabe et la turque. Chacune d'elles a un emploi différent, car la plus grande partie des personnes qui connaissent parfaitement le persan, préfèrent cependant parler le turc, qui est la langue de l'armée, et celle avec laquelle on peut le plus facilement parcourir toute l'Asie. L'arabe ne s'emploie plus guère que pour les objets de religion, bien qu'on trouve partout des traductions du Koran. Mais la langue persane est par excellence celle de la littérature. Depuis la mer Caspienne jusqu'aux extrêmes limites de l'Inde, l'on n'écrit qu'en persan, et la majeure partie des habitans de ces vastes contrées ne connaissent pas d'autre langue. Elle est cependant distinguée par troi caractères différens, savoir : le taleeb, le niski et le schekestab. Le niski est le plus beau, le plus correct et celui qui est généralement usité en

Perse. Les deux autres, tout en employant les mêmes lettres, les présentent néanmoins d'une manière imparfaite. Ce qui les rend (le schekestah surtout) excessivement difficiles à déchiffrer, même pour les Persans, c'est qu'on omet les points qui doivent établir la différence entre deux lettres de même figure et d'une signification différente, et que ce n'est qu'après avoir lu dix fois une phrase et s'être bien pénétré de son sens qu'on parvient à la comprendre; c'est néanmoins de ce caractère que tout le monde se sert, et en particulier les princes de l'intérieur de la presqu'île de l'Inde dans leurs relations avec le gouvernement anglais; d'après cela la compagnie a cru devoir ordonner à ses agens d'apprendre la langue persane dans un certain laps de temps, passé lequel ils ne peuvent remplir aucune des fonctions qui les mettent en relation avec les naturels du pays.

Il n'y a pas de musique en Perse; car je ne profanerai pas ce nom en le donnant à des sons barbares, sans cadence ni mesure, et qui ressemblent plus à des cris de bêtes fauves qu'à de l'harmonie. On y connaissait cependant les notes; mais je crois qu'elles y sont absolument oubliées aujourd'hui, et pendant près

de trois ans je n'ai jamais vu personne en faire usage.

Les instrumens persans sont peu nombreux et tellement informes, que je serais tenté de croire qu'on n'y a rien changé depuis le règne de Cyrus, avant lequel ils semblent avoir été inventés. Ils sont comme chez nous divisés en deux classes, les uns pour la musique militaire, et les autres pour le concert. Les premiers se composent de trois instrumens, savoir: des espèces de clarinettes aiguës et qui ressemblent assez à celles avec lesquelles les Calabrais viennent à l'époque de Noël écorcher les oreilles des Napolitains; de grandes trompes qu'ils nomment kernets, et dont les sons ont beaucoup d'analogie avec les cris des chameaux quand ils sont en colère. Les tubes ont neuf à dix pieds de long et les pavillons près de trois pieds de diamètre : ils sont composés de plusieurs corps, rentrant les uns dans les autres, comme ceux d'une lunette, afin de les porter plus commodément. Les autres instrumens sont des tambours dans le genre de nos timbales, mais beaucoup plus petits; ils ne les battent qu'avec les mains, et quand cette soi-disant musique commence à jouer, il faut, pour peu que l'on ait soin de ses oreilles, s'en éloigner au moins à deux cents pas.

Chaque ville où il y a un beglierbey, a une pareille musique qui doit jouer matin et soir devant le bazar, pendant une demi-heure, avant le lever et le coucher du soleil ; c'est le signal pour ouvrir et fermer les boutiques et appeler à la prière.

La musique du prince est fort considérable et le devance chaque fois qu'il sort de sa résidence. Chaque musicien alors est monté sur un chameau qui porte, comme ceux des Zombarecks, dont je parlerai plus tard, un petit pavillon sur le devant de sa selle.

Cette musique réunie précède de deux cents pas son altesse royale, et joue tant que dure la marche, à moins qu'il ne lui soit ordonné de se taire. Quand on est au camp ou en route, elle se rassemble tous les soirs en forme de demi-cercle, à une centaine de toises de la tente royale, et y joue jusqu'à nuit close. Les Persans, qui sont grands amateurs de cette bruyante harmonie, accourent de toutes parts et encouragent les musiciens par des applaudissemens continuels. Celle du roi se compose de cent cinquante hommes, dont trente ont des kernets ; ce qui fait qu'en temps calme on peut l'entendre de plus d'une lieue.

Danseur persan

L'harmonie se compose d'abord de chanteurs ou pour mieux dire de hurleurs : celui
qui crie le plus fort et devient bleu à force
de contorsions est réputé avoir le plus de
talent; ces chanteurs se défigurent au point
que pour cacher les hideuses grimaces qu'ils
sont obligés de faire pour élever la voix , ils
couvrent leur visage avec une feuille de pa-
pier qu'ils ont à la main. On les accompagne
avec des espèces de violons en forme de pots
ronds , auxquels on a ajouté un manche et des
cordes; des guitares à-peu-près semblables à
des mandolines italiennes, et des tambourins
ornés de plaques de cuivre fort larges et très-
sonores , qui approchent assez de ceux des
Basques.

Quand ces musiciens sont appelés quelque
part , ils s'accroupissent dans un coin du salon, et c'est au son de leurs chansons ou romances que les danseurs font briller leurs
talens.

Ces baladins sont de jeunes gens qui ont la
tête rasée , à l'exception de deux grandes
mèches de cheveux qui leur tombent le long
des oreilles; ils sont vêtus à-peu-près comme
nos femmes et ont dans chaque main de petites plaques de cuivre, creuses et épaisses de

quelques lignes, dont ils se servent comme les Espagnols de castagnettes. Il n'est sorte d'attitudes indécentes qu'ils ne prennent, et comme ils dansent à deux pour l'ordinaire, ils présentent des tableaux de tout ce qu'on peut imaginer de plus sale et de plus crapuleux. Ils font aussi, quoique maladroitement, quelques tours de souplesse dans le genre de nos sauteurs; mais out. e qu'ils y sont très-novices, leur costume ne leur permet pas d'avoir la légèreté que cet exercice requiert.

Les danseuses qui, comme je l'ai dit ailleurs, n'exercent jamais leurs talens que dans les harems, sont plus décentes. Elles sont ordinairement fort jolies, et dansent avec beaucoup de légèreté; leurs attitudes sont voluptueuses sans indécence; elles se servent des mêmes castagnettes que les hommes pendant que les femmes chantent en s'accompagnant de la guitare. Cet exercice leur fournit l'occasion de déployer leurs bras avec beaucoup de grâce. Leurs cheveux, tressés, sont relevés avec élégance et soutenus, à l'exception des grandes nattes, par un mouchoir de gaze brodé en or. Elles ont pour tout vêtement un arkala léger, contenu par une ceinture de soie, dont les bouts pendent par-devant. La

Danseuse persane

chaussure du pays, déjà très-incommode pour marcher, ne convient pas pour la danse, aussi dansent-elles avec des chaussons ou même pieds nus ; et comme leurs pieds sont teints avec du henné depuis les orteils jusqu'à un pouce au-dessus des chevilles, on les dirait chaussées avec des souliers oranges.

Les danseurs et les danseuses n'ont pas de résidence fixe ; ils parcourent toutes les parties du royaume, logeant toujours sous la tente, et en menant avec eux tout ce qui constitue leur ménage, bestiaux, ustensiles et bagages. Ils sont instruits à l'avance des fêtes et des mariages qui doivent se célébrer dans telle ou telle province, et s'y rendent à temps pour exercer leur savoir-faire. Ces troupes sont souvent appelées par les grands qui veulent donner quelques divertissemens pendant le cours de l'année ; mais au newrouse, premier de l'an, elles se rendent dans les villes, et y restent ordinairement plus d'un mois, pendant lequel elles font de bonnes affaires.

On appelle comédie en Perse de mauvaises farces représentées dans des jardins ou des appartemens, car on n'y connaît pas les théâtres, par des misérables qui sont souvent pris au hasard parmi des ouvriers payés à la journée.

Ces pièces rappellent les bouffonneries italiennes; il n'y est question que d'escrocs fins
et adroits, qui emploient toutes sortes de déguisemens et de langage pour voler des ber-
gers ou des marchands, mais particulièrement
ceux de crême et de confitures. Cela donne
lieu à des scènes assez burlesques, semées de
bonsmots. Ces acteurs improvisés, font autant
de plaisir que des comédiens de profession,
et seraient en Europe d'assez bons comiques
de bas étage. Ils joignent les gestes aux paroles, et c'est là que brille leur esprit et leur
adresse, car les pièces sont impromptu, et il
leur suffit de convenir entre eux d'un plan,
si le maître de la maison qui les appelle ne
leur indique pas le sujet qu'il désire voir jouer.
C'est à eux ensuite à composer la pièce; mais
ils seraient à jamais perdus dans l'opinion publique, si leurs propos s'écartaient du sujet
convenu, ou s'ils restaient courts. Les voleurs
doivent toujours être plus rusés que les marchands, et avoir des réponses prêtes à toutes
les questions, souvent embarrassantes, que
ceux-ci leur adressent; et ce qui rend la chose
assez piquante, c'est que les personnages
gardent entre eux le secret de leurs moyens
d'attaque et de défense; ainsi tout est impro-

visé à l'instant même. Il faut encore que les acteurs chargés du rôle de voleurs trouvent des prétextes plausibles pour entrer dans les boutiques ou dans les bergeries qui sont surveillées par les maîtres; car, à défaut de bonnes raisons, ils en sont chassés à coups de bâton, au grand plaisir des spectateurs qui crient alors, hur, hur! (frappe, frappe), comme pour leur faire comprendre que leur maladresse mérite cette punition. Le voleur revient toujours à la charge sous de nouveaux déguisemens. J'en ai vu un qui était chargé de trente costumes différens, qu'il quittait avec une agilité surprenante en passant avec rapidité derrière un paravent, et s'exprimant chaque fois avec un autre jargon. Au reste la pièce ne finit jamais sans qu'on n'ait trouvé le moyen d'escamoter un mouton, ou quelques pots de crême ou de confitures.

CHAPITRE XXVII.

DES ATHLÈTES ET DE LEURS EXERCICES.

LES exercices des athlètes, leurs danses, leurs luttes, sont aussi des spectacles dont les Persans sont fort curieux; mais il n'y a guère que les riches qui puissent en jouir. Les hommes voués à cet état se font payer fort cher et n'exercent jamais en public; les amateurs de ce genre d'amusemens doivent avoir un local convenable dans leurs maisons.

Les athlètes persans ont une manière de vivre toute différente de ceux des Grecs et des Romains, qui pratiquaient des exercices violens pour se tenir en haleine et accroître leurs forces.

Ceux-ci, au contraire, semblent éviter tout ce qui peut leur causer la moindre fatigue. D'abord ils sont célibataires et n'approchent jamais des femmes. Ils font cinq ou six repas par jour, ne sortent qu'une fois le soir, marchent aussi doucement qu'un malade, évi-

tent avec soin de se donner la moindre se-
cousse, et ne remuent jamais la tête ni les bras
en se promenant. Quelle que soit la saison ,
ils sont toujours vêtus aussi chaudement qu'en
hiver, et enveloppés d'un large kurk.

Quand ils doivent travailler, ils s'y prépa-
rent en restant huit jours au lit sans faire le
moindre mouvement.

Les lieux où ils exercent sont de grandes
salles carrées, creusées à six pieds de profondeur, ayant autour et au niveau du plein
pied des galeries que l'on nomme zourkoua ,
pour les spectateurs. Ces espèces d'arènes ont
environ trente pieds de longueur et autant de
large , c'est-à-dire cent vingt de tour ; le fond
et les côtés sont recouverts de terre calcaire
bien battue, parfaitement unie et lissée. Il y
en a qui sont matelassées tout autour, et dont
les planchers sont recouverts de ketchès épais,
mais fortement attachés et bien tendus pour
que l'on ne puisse pas s'y accrocher. Aussitôt
que les athlètes y sont appelés, ils sautent
dedans avec une légèreté dont on ne les croirait pas capables, quand on ne les a vus que
dans les rues (1). Ils sont nus, et n'ont qu'un

____

(1) Quelques-uns y sautent sur une seule jambe, et

simple demi-caleçon de cuir fortement attaché sur les hanches et qui ne descend que
jusqu'au milieu des cuisses. Ils entrent ordinairement une vingtaine à-la-fois dans l'arène,
et commencent leurs exercices par une danse
où ils font toutes sortes de contorsions, pre-
nant mille postures difficiles, semblables à
celles où ils pourront se trouver pendant la
lutte, dont cette pantomime semble n'être
que le prélude. Ils continuent cet exercice en
augmentant graduellement la vivacité des
mouvemens jusqu'à ce qu'ils tombent épuisés
de fatigue. Celui qui reste le dernier debout
est regardé comme le vainqueur de la danse,
et reçoit le prix qui est assigné pour cet exercice. Les lutteurs font une courte pause et
reparaissent bientôt portant dans chaque
main une énorme pièce de bois de chêne,
faite en forme de poire alongée, qui a près
de trois pieds de longueur, y compris le
manche, et dont le gros bout a souvent plus
de quinze pouces de diamètre. Ils les manient et les font passer en tout sens l'une
après l'autre sur leurs têtes, les enlevant

---

restent ainsi quelques instans en équilibre, quoique la
chute soit de plus de six pieds de haut.

toujours d'une manière différente et toujours sans balancement ni élan. A de certains points d'orgue marqués par la musique, ils restent sur une jambe, les bras étendus en croix, et soutiennent pendant quelques secondes ces deux énormes massues avec une force incroyable. Cet exercice dure quelquefois plus de deux heures, pendant lesquelles ils prennent des pièces de plus en plus pesantes; les dernières, qui sont rarement soulevées, pèsent plus de soixante livres, et sont beaucoup plus difficiles à supporter qu'un fusil d'infanterie par le bout de la baïonnette. Le kaïmakhan m'assura que ces exercices étaient de la plus haute antiquité en Perse, et qu'ils avaient été inventés pour délier les bras des jeunes gens et les accoutumer de bonne heure à manier des armes lourdes.

L'athlète qui a manié les plus grosses pièces de bois et qui reste le dernier dans l'arène, est le vainqueur de ce fatigant exercice, et reçoit les complimens et les présens de toutes les personnes qui assistent à ce spectacle.

Viennent ensuite les lutteurs; ceux-ci se frottent tout le corps avec de l'huile pour se rendre plus souples et donner moins de prise à leurs adversaires. Quand ils sont prêts à en venir aux mains, ils se saluent, se portent réciproquement la main droite sur la tête et la baisent; après quoi ils se saisissent d'une manière égale, passant réciproquement un bras en dessus et l'autre en dessous de chaque épaule. Ils ne sont pas long-temps dans cette position sans se laisser tomber sur les genoux ou sur le ventre; car comme la lutte ne consiste pas à renverser un homme, mais bien à le mettre sur le dos, les plus adroits saisissent le plus tôt qu'ils peuvent le moment de se jeter sur les genoux les deux mains par terre, position dans laquelle ils sont souvent plus dangereux que debout, et qui, suivant eux, est fort difficile à prendre, leurs adversaires saisissant ordinairement cet instant pour les renverser.

Quiconque ne connaît pas ce genre d'exercice croirait sans doute qu'il doit être facile à celui qui est sur ses jambes de jeter l'autre sur le dos; mais on ne se fait pas l'idée de l'adresse et de la souplesse que ces gens déploient dans ces occasions, d'autant qu'il leur est permis de saisir leur adversaire par la ceinture du caleçon. Si l'un des deux est plus fort que l'autre, il cherche à profiter de cette licence, ce qui lui réussit néanmoins très-rarement, car il a beau enlever son homme

Lithog. de C. Motte

en tout sens, celui-ci retombe toujours sur
es jambes comme un chat ; et il n'a pas plutôt
touché terre qu'il devient plus dangereux
pour son adversaire, qui s'est épuisé en cher-
chant à le soulever. S'il est difficile de renverser sur le dos un homme qui est sur les
genoux, il l'est sans comparaison bien davantage quand il est sur le ventre, et pour le
croire, il faut avoir vu toutes les ruses employées de part et d'autre pour arriver à ce
but ; car celui qui est couché et qui semble
souvent n'être que sur la défensive, culbute
quelquefois son adversaire par un saut de
carpe aussi léger qu'imprévu, et fort difficile
à parer. D'autres ont la finesse, étant couchés,
de paraître céder du côté où on les pousse,
et puis par un élan vigoureux ils tournent
eux-mêmes sur le dos et entraînent ainsi l'as-
saillant, qui n'a d'autre ressource que de
saisir la balle au bond et de se relever par un
même élan, ce qui lui réussit quelquefois.
En un mot, tout ce que l'adresse et la force
peuvent inventer est mis en usage par ces
hommes dans ce genre de lutte, qui présente
d'autant plus d'intérêt que jamais le hasard
n'entraîne de chute.

Aussitôt qu'un des deux athlètes a mis son

homme sur le dos, le vaincu reste dans cette position jusqu'à ce qu'il ait remercié l'autre ; alors il se relève, le salue profondément, touche son front avec la main droite et la baisse. Le vainqueur ne lui rend aucune de ces politesses, et reçoit avec gravité tous les complimens qu'on lui adresse, mais qui sont néanmoins de peu de conséquence ; car comme il est obligé de prêter le collet à tous les athlètes, il est souvent terrassé à son tour ; ce n'est jamais que sur le dernier vainqueur que tombent les éloges et l'argent en proportion du nombre des lutteurs qu'il a battus. S'il est entré le premier dans l'arène et qu'il ait dompté tous les autres, il est fêté, conduit en triomphe, et reçoit des présens de grande valeur, tels que des chevaux, des habits, des schals et de l'argent. Ce cas est très-rare ; je l'ai vu cependant arriver un jour à un turkoman qui culbuta vingt-quatre lutteurs. Les présens qu'il reçut à cette occasion montaient à plus de deux mille tomans.

L'exercice de la lutte est fort estimé par les grands, qui bien souvent descendent eux-mêmes dans l'arène et prêtent le collet à quelques-uns de leurs amis ou à de simples athlètes. On sent bien que ceux-ci se laissent

Lith. de C. Mille

Athlètes luttant

toujours battre, et que cette petite condescendance leur rapporte dix fois plus que la victoire sur cinquante adversaires de leur espèce. Il est cependant quelques amateurs de cet exercice qui battent réellement tous les athlètes de profession, et jai vu un officier anglais (1) qui en pelottait autant qu'il s'en présentait; aussi jouissait-il parmi tous ces artistes d'un degré de considération extraordinaire; il ne se donnait pas une seule lutte dans le royaume qu'il n'y fût solennellement invité : il s'y distinguait presque toujours par de nouveaux exploits, et la fête finissait rarement sans qu'il n'eût rossé toute la société. Ce brave et excellent officier, quoique d'une force athlétique, était d'une douceur et d'une patience admirables. Il avait en dernier lieu renoncé à cet exercice pour avoir eu le malheur de briser la nuque d'un de ses adversaires qui mourut sur-le-champ. Il était inconsolable de cet accident, et il donna une forte somme à la famille du défunt pour la dédommager de la perte que très-innocemment il lui avait fait éprouver.

---

(1) Le major Christie, du régiment de Madras de la compagnie des Indes-Orientales : il fut tué à l'affaire d'Oslendouz, le 1er novembre 1812.

CHAPITRE XXVIII.

DE LA PROMENADE ET DE LA CHASSE.

Les Persans aiment la promenade de passion, et c'est encore en quoi ils diffèrent des Turcs, dont le bonheur est de rester des journées entières en contemplation devant une fenêtre, sans proférer un mot, ni faire un geste.

Les hommes de la classe moyenne sont pour ainsi dire toujours à courir. Dès le point du jour ils se rendent aux bazars, ils y rencontrent des connaissances avec lesquelles ils restent jusqu'à l'heure du déjeuné. Aussitôt qu'il est fini, ils vont chercher des nouvelles aux bains ou rendre des visites jusqu'à midi; alors, comme dans tous les pays chauds, chacun rentre chez soi et y reste à dormir trois ou quatre heures. On profite ensuite de la fraîcheur, et pour en jouir, on va dans les jardins, sur les places ou aux promenades.

Les personnes de qualité se promènent

ordinairement à cheval et font ainsi chaque jour plusieurs milles, précédés de leurs jelandars (piqueurs), schoters (coureurs), et d'une grande quantité de féraches (laquais), marchant tous à pied, une moitié devant et l'autre derrière eux.

Les schoters, un bâton à la main, devancent les autres de plus de cinquante pas, et font ranger toutes les personnes du peuple qui se trouvent sur le chemin; ils sont suivis de plusieurs féraches, qui tiennent toute la largeur de la rue pour faire paraître leur nombre plus grand Les jélandars marchent ensuite à la tête des chevaux de leur maître, et portent sur l'épaule un morceau de drap carré, brodé et garni de franges de soie, qu'on nomme zinne-pouche (couvre-selle), et qui sert à couvrir les chevaux aussitôt que les maîtres en sont descendus. Ceux-ci restent ordinairement à la promenade jusqu'à nuit close; ils sont attendus à la porte de la ville par six ou huit de leurs domestiques, qui portent de grandes lanternes d'une forme particulière, qu'on nomme fanus, avec lesquelles ils les éclairent jusqu'à la maison. Leurs courtisans, assemblés dans la salle du divan, les y reçoivent avec respect, et passent une partie de la soirée à leur débiter les nouvelles du jour.

Quand les grands sortent, soit pour faire quelques visites, soit pour se rendre chez le prince ou chez le gouverneur, ce n'est jamais qu'à cheval, dans le même ordre que pour la promenade, précédés du même cortége, mais suivis dans ce cas de leurs pich-kadmets qui portent les cailliaux.

Les Persans aiment passionnément la chasse, aussi les grands y passent-ils des semaines et même des mois entiers.

Ces chasses sont fort différentes de celles qu'on voit en Europe, et comme les plus intéressantes sont celles du roi ou du prince royal, je me permettrai d'en donner une description un peu détaillée.

Soit qu'on chasse au poil ou à la plume, c'est toujours à cheval. Cette dernière chasse est très-intéressante, parce qu'elle ne se fait qu'au faucon, et qu'il n'est pas de pays où l'on instruise ces oiseaux mieux qu'en Perse.

Quand le roi ou le prince prennent ce divertissement, ils se font accompagner de plusieurs domestiques qui, aussitôt arrivés sur le terrain où l'on veut commencer la quête, mettent pied à terre et devancent les chasseurs de quelques pas et dans le plus grand silence. Ces derniers forment en marchant une espèce de croissant d'une fort grande étendue ; chacun d'eux a sur la main droite un faucon contenu par les serres avec une courroie à deux branches de cuir léger.

Quand on aperçoit des faisans ou des perdrix, on en approche d'aussi près qu'il est possible et on les entoure : alors les chasseurs s'arrêtent, et étendant tous ensemble les bras sur lesquels sont les faucons, dans la direction du point où est le gibier pour le leur laisser apercevoir ; on fait alors partir le gibier, sur lequel ces oiseaux se jettent avec avidité, et il est rare qu'ils ne saisissent pas leur proie. Les domestiques courent aussitôt pour s'en emparer, ce qui ne souffre pas de difficulté ; mais on en éprouve de réelles pour faire rentrer les faucons ; on y parvient cependant au moyen d'une poule que chaque fauconnier tire de son havre-sac et fait crier ; la voracité plutôt que l'attachement ramène les faucons sur les poings de leurs maîtres.

Les faisans sont très-grands en Perse et ont le vol pénible. Dans les parages où ils sont en grande quantité, tels que le Mogan, on les chasse à coup de bâton : des domestiques, armés de longues gaules, cernent la place où

il y en a quelques-uns, et se rapprochant
peu-à-peu en forme de cercle, forcent ces
oiseaux de se rassembler ou de prendre leur
vol; dans ce cas-ci, comme ils volent très-
bas, les hommes sur la tête desquels ils
passent, les abattent à coups de gaule; s'ils
les manquent, ils courent à la remise qui n'est
jamais bien éloignée. Les faisans fatigués
partent rarement une seconde fois et se laissent
assommer en fuyant dans les ronces et les
buissons. On ne chasse pas le lièvre en Perse,
quoiqu'il y soit très-commun; mais personne
n'en mange; aussi sont-ils peu sauvages, et
il est assez facile de les prendre vivans, surtout en hiver.

Le grand gibier de toute sorte est excessivement abondant; il se compose de cerfs,
daims, chamois, chevreuils, vaches de montagne, antilopes, etc., etc. Ces paisibles
animaux vivent très-bien ensemble, et quand
ils descendent dans les plaines, c'est souvent
en si grand nombre, que de loin on les prendrait pour d'immenses troupeaux de moutons.
Ils se tiennent habituellement dans les montagnes, d'où ils sortent toutes les nuits pour
aller pâturer.

Quand le roi ou le prince veulent chasser

à la grosse bête, ils envoient deux ou trois jours à l'avance quelques milliers d'hommes à cheval, qui cernent la plaine pendant la nuit, gardent toutes les gorges et les petits sentiers où ces animaux pourraient s'échapper au point du jour.

Quand la chasse est arrivée, ces hommes se rapprochent les uns des autres, et forment ainsi une enceinte au milieu de laquelle il y a quelquefois plus de dix mille têtes de gibier. Aussitôt le roi ou les princes commencent à tirer, ainsi que les grands de la cour. Leurs domestiques portent chacun deux fusils, qu'ils chargent tandis que les maîtres abattent le gibier.

Le prince royal, qui est très-adroit à tirer de l'arc, s'exerce souvent à courir et à tuer quelques pièces à coup de flèches avant de commencer le feu; mais une fois le signal donné, on n'entend plus, pendant quatre ou cinq heures que dure la chasse, qu'un bruit continuel de mousqueterie. Les hommes qui forment l'enceinte ne tirent que quand le gibier veut s'échapper, ce qui arrive rarement, car le cordon est si serré, qu'un chevreuil trouverait peine à passer entre deux chevaux.

L'usage du petit plomb n'est pas connu en Asie : tous les chasseurs tirent à balle et au grand galop des chevaux. Mais quelle que soit l'adresse singulière des Persans pour faire le coup de fusil à cheval, ces chasses finissent rarement sans qu'il y ait quelqu'un de blessé et même de tué.

La quantité de gibier abattu dans ces chasses est immense et passe souvent deux et trois mille pièces. Le prince se fait apporter les plus belles et les envoie en cadeau à différens seigneurs de sa cour ; le reste est abandonné aux golams et aux domestiques qui se trouvent à la fête.

Il est encore en Perse une autre sorte de chasse, c'est celle du courre, avec de grands chiens levriers que l'on nomme tazis ; elle consiste, comme chez nous, à relancer le gibier à vue, avec la seule différence qu'en Europe, et particulièrement en Espagne (où cette chasse est très-usitée) ; on ne la fait qu'aux lièvres, tandis qu'en Perse les tazis ne courent que la grande bête et manquent rarement de la prendre.

On trouve des sangliers en quantité dans les montagnes ; mais ils ne sont chassés que quand ils descendent dans les plaines et que certains fanatiques les aperçoivent : alors ils les galoppent avec une sorte de rage, et s'ils sont assez heureux pour les tuer, ils ne peuvent s'empêcher de leur adresser des invectives, qui donneraient à croire qu'ils viennent de se défaire de leur plus grand ennemi. Je courus un jour un de ces animaux dans les environs de Lankaran, sur les bords de la mer Caspienne, et j'eus toutes les peines du monde, après l'avoir tué, de le soustraire à la fureur de ceux de mes cavaliers qui le virent : ils voulaient absolument le mettre en pièces à coups de sabre.

On fait aussi quelquefois, dans le Mazanderan et le Guilan, la chasse des tigres ; mais ils commencent à y devenir rares, et ce qu'il en reste se montre peu et reste caché dans des steppes dont l'herbe touffue a souvent plus de quatre pieds de haut.

Les chats-tigres sont très-communs dans ces provinces ; mais on les chasse de manière à les attraper vivans pour les conserver comme curiosité. Ils ne sont pas très-farouches, se privent facilement, et l'on en voit beaucoup qui parcourent librement les rues comme les chiens, sans jamais offenser personne. Il ne faut cependant pas les fâcher en jouant avec eux, car le moindre coup de patte emporte la pièce.

La Perse abonde en jakals, espèce de chiens sauvages qu'on chasse plutôt pour se délivrer de leurs cris ennuyeux et lugubres, que pour se préserver des dommages qu'ils pourraient occasioner. Ils ne se font entendre que de nuit, et toujours assez loin des camps et des villages pour qu'on n'ait rien à craindre. L'extrême poltronerie de ces animaux les rend peu dangereux, et il est douteux qu'ils aient le courage d'attaquer un enfant, à moins qu'ils ne soient poussés par la faim. Ils s'attachent plus volontiers aux cadavres, qu'ils déterrent avec beaucoup de dextérité, et qu'ils mettent en pièces quand on n'a pas eu la précaution de les couvrir de chaux vive.

Les chasses que font les grands sont à peu de chose près semblables à celles que j'ai décrites; mais comme on n'y emploie pas autant de monde, on n'abat pas autant de gibier. Certains beglierbeys en font cependant de très-brillantes, et tuent quelquefois plusieurs centaines de pièces dans un jour.

Pendant l'hiver, quelques-uns chassent les oies et les canards sauvages; mais comme ils n'en mangent jamais, ce n'est que pour le plaisir de tirer. Ces oiseaux aquatiques sont en si grand nombre dans les environs d'Ourouméa , et particulièrement près du lac de ce nom, que sans avoir de chiens, jai tué quelquefois plus de deux cents pièces en un jour, parmi lesquelles une grande quantité de bécassines d'une espèce particulière , beaucoup plus grosses et bien meilleures que les nôtres. Elles sont juchées sur des pattes très-fines qui ont près de huit pouces de hauteur, et sont du reste conformées comme celles d'Europe.

Lorsqu'un Persan a tué deux cents pièces de grand gibier avec le même fusil , sa religion l'oblige à l'enterrer profondément dans un lieu secret où personne ne puisse le trouver. Cette obligation est presque toujours éludée par les gens du peuple, qui ne se soucient pas de perdre de bonnes armes, autant qu'elles sont rares et fort chères dans ce pays; mais elle est pratiquée sans regret par les grands, qui se procurent une petite jouissance au prix d'un fusil garni en or ou en d'argent. Leur amour-propre est flatté d'annoncer de temps à autre qu'ils ont tué ce nombre de pièces , ce qui leur fournit l'occasion ou le prétexte d'une cérémonie brillante, à la—

quelle assistent toute leur clientelle pour l'enterrement du fusil. Les Persans aiment l'ostentation, et il serait difficile de les en guérir.

[illegible]

CHAPITRE XXIX.

DES VOYAGES ET DES PÉLERINAGES.

Il n'y a point de pays où l'on voyage autant et avec aussi peu de commodité qu'en Perse. L'Espagne même, qui est réputée pour être la plus détestable contrée de l'Europe sous ce rapport, est merveilleuse en comparaison de la presque totalité de l'Asie.

On n'y connaît aucune sorte de voiture, et les routes étant fort mauvaises, tout le monde est obligé de voyager à cheval quelque temps qu'il fasse. Les caravanserais sont, comme je l'ai déjà dit, de peu de ressource pour les voyageurs ; et ceux qui n'ont pas les moyens de traîner avec eux des tentes et toutes les choses indispensables pour camper au milieu des plaines, sont obligés de forcer de marche, afin de gagner quelque village pour y passer la nuit.

Les Persans vont souvent d'une extrémité de l'empire à l'autre, sans autre but que celui de visiter leurs amis ; mais les voyages qu'ils entreprennent de préférence, et qui d'ailleurs sont recommandés par le Koran, sont les pélerinages. La plupart sont insignifians, et ils ne les entreprennent que par désœuvrement ou par partie de plaisir ; tels sont ceux de Mesched-Ferumad (1) en Khorassan, d'Ardebil en Azerbidjan, de Mesched-Hossein et Mesched-Aly dans l'Irak-Arabi. Mais il n'en est pas de même du pélerinage de la Mecque ; tout homme qui jouit d'un peu de fortune le fait au moins une fois dans sa vie. Il emmène avec lui sa famille et ses domestiques, ce qui forme un train aussi considérable qu'embarrassant.

Comme il ne serait pas facile d'assurer les subsistances de caravanes aussi nombreuses en utilisant au fur et à mesure les ressources qu'offrent les villes et villages qui se trouvent sur le chemin, tout particulier riche qui entreprend ce voyage achète un certain nombre de chameaux ; les uns sont chargés de vivres, tels que farine, riz, beurre, fruits secs, volailles, café, sucre, etc., et les autres des gros bagages. Ces animaux, qui se reposent peu et

____

(1) Tombeau.

vont toujours le même train, ouvrent la marche
sous la conduite d'une partie des domestiques,
montés sur des yabous (chevaux de charge),
qui portent les tentes et les bagages de première nécessité, tels que les lits, les tapis,
les ustensiles de cuisine, le bois et les sacas (1).
Deux heures après, le maître se met en route
à cheval, avec ses femmes et ses enfans, suivi
de quelques domestiques également montés,
et d'autres à pied.

Aussitôt arrivés, les iéraches dressent les
tentes qui sont au nombre de trois : une pour
le maître, une autre pour les femmes et les
enfans, et la troisième pour les domestiques.

Quand ces caravanes campent près de quelque village, elles s'y procurent à fort bon
marché des volailles et des moutons, que
l'on fait suivre, lorsqu'on doit être quelques
jours sans rencontrer de nouvelles habitations;
et il faut s'y attendre dès qu'on a dépassé
Bassora qui touche au grand désert.

L'allure du maître est très-lente, et ce
n'est pas sans motif : il faut que les tentes

______

(1) Outres de cuir, avec lesquelles on va chercher
l'eau et dans lesquelles on la conserve.

soient prêtes à les recevoir à son arrivée au gîte. Les femmes voyagent à cheval ; mais quand elles sont incommodées, comme elles ne peuvent se servir du tacktirevan, exclusivement réservé pour les femmes du roi et des princes, elles se servent d'une espèce de paniers, qui bien que très-incommodes, le sont pourtant moins que les chevaux. Ce sont deux petites caisses de bois, recouvertes en osier, faites à peu près de la même manière que celles de nos cabriolets : on les place comme deux ballots sur le dos d'un mulet, et chacune d'elles contient une femme cachée par un voile qui masque l'intérieur de la caisse. Les mulets qui les portent sont conduits par des domestiques qui tiennent ces animaux la bride haute, pour les empêcher de butter.

Plusieurs personnes en Perse voyagent par spéculation et dans le but unique de se procurer une existence agréable, l'hospitalité étant pratiquée partout avec une sévère exactitude. Ceux qui se vouent à ce genre de vie errante peuvent visiter tous les coins de l'Asie sans qu'il leur en coûte un sol ; arrivés dans quelque ville ou village, ils s'arrêtent devant la première maison qui leur convient, et met-

Femmes persannes en pélérinage

tent pied à terre; leurs chevaux sont aussitôt pris et soignés par les domestiques du maître de la maison, qui ne se permet pas de faire la moindre question aux arrivans avant de les avoir accueillis par les mots koch-guialdy, soyez le bien venu; ils sont dès cet instant ses konacs ou convives, et en conséquence respectés et servis par les domestiques qui, à l'exemple des maîtres, ont pour eux toutes sortes d'attentions. Ils sont nourris, hébergés, trouvent de bons lits; leurs chevaux sont parfaitement entretenus, et ils peuvent rester ainsi en chaque lieu autant de temps qu'il leur plaît, sans que personne soit tenté de leur faire sentir qu'ils sont à charge; quand ils parlent de départ, ils sont souvent et assez franchement priés par leurs hôtes de prolonger leur séjour de quelques semaines, surtout si, comme cela arrive communément, ces étrangers sont spirituels, gais et amusans, et attirent nombreuse société chez leurs hôtes.

Quand les voyageurs ont des femmes avec eux, elles sont aussitôt conduites dans les harems, où elles reçoivent un accueil aussi amical et où on les traite aussi bien que leurs maris le sont dans les divans. On s'empresse surtout à leur faire prendre des bains et à les parfumer; on leur offre du café, le cailliau, des scheurbets, et pendant tout le temps qu'elles sont dans les chambres particulières des femmes, le maître de la maison a l'attention de ne pas s'y présenter. Le soir, après souper, on prépare les lits des étrangères dans des appartemens séparés, et quand elles y sont retirées, leurs maris viennent les joindre; ils en sortent le matin d'assez bonne heure, pour ne pas rencontrer les femmes de leur hôte et ne pas en être vus.

Mais on abuse de tout, et ces vertus hospitalières sont quelquefois assez mal récompensées : ces étrangers si cordialement accueillis sont souvent des espions que les grands envoient chez leurs ennemis pour découvrir leurs intentions : en effet, ce qui dans le divan échappe au mari, est bientôt découvert au harem par la femme.

Les Persans qui font le pélerinage de la Mecque prennent le titre de hadjis, et afin qu'on sache qu'ils entreprennent ce saint voyage, ils se ceignent le front, par-dessus leurs bonnets de peau d'agneau noir, d'un mouchoir blanc qu'ils ploient en forme de bandeau, et qu'ils conservent ainsi jusqu'à leur retour. Les pélerins qui se rendent à la Mecque se rassemblent à Bassora; ils se réunissent en caravanes, et partent delà pour traverser en ligne directe l'Arabie déserte, qui, dans sa plus grande largeur, a plus de trois cents lieues. Pendant ce trajet, on ne rencontre que onze puits, dont neuf seulement donnent de l'eau potable; les deux autres, situés entre Anizeh et Harem-Baglar, ne fournissent que de l'eau saumâtre, très-malsaine même pour les animaux que la soif force d'en boire.

Les grands qui font ce voyage emmènent quelquefois avec eux, outre leurs domestiques, une certaine quantité de personnes qui les suivent à cheval, sous la seule condition d'être nourris, ainsi que leurs chevaux; ce qui fait souvent qu'une seule famille forme une caravane de plus de trois cents personnes, dont la moitié, à cheval et armée, précède l'autre, dans laquelle se trouvent les femmes, les enfans et les domestiques; ceux-ci conduisent plus de deux cents bêtes, tant chevaux de main et de somme que mulets et chameaux, chargés de bagages. Ce grand appareil qu'on serait tenté de regarder comme de pure ostentation, a cependant son utilité, surtout

maintenant, qu'outre les Arabes et les Curdes, qui exercent un brigandage continuel
envers les voyageurs, l'on a encore à craindre
les Vechabites. Ces derniers se sont rendus
si redoutables qu'il est à présumer qu'ils finiront par lever un tribut semblable à celui que
les pachas de Damas et de Bassora imposent
aux pélerins, ainsi qu'à toutes les caravanes
qui traversent leur gouvernement pour affaires de commerce.

CHAPITRE XXX.

DE LA SERVITUDE.

J'ai déjà dit que le roi était maître absolu de tous ses sujets; néanmoins les lois ayant perdu beaucoup de leur force, on voit des propriétaires de villages qui se permettent de disposer des paysans; et de les prendre pour leur service personnel, sans être obligés de les payer. A la vérité ce droit ne s'étend pas sur les filles; ils ne peuvent se les approprier que d'après des arrangemens pris de gré à gré avec les parens, surtout dans les villages chrétiens. Dans aucun cas il n'est permis aux propriétaires de villages de donner ou de vendre un individu quelconque; mais ils peuvent le chasser des domaines qui leur appartiennent, si le fermage des terres qu'il cultive ne lui est pas garanti par un contrat qui en assure la jouissance à ses enfans, à charge d'en payer la rente; ou bien si ces terres ne lui appartiennent pas en propre. Au reste, la propriété foncière ne dispense pas d'acquitter les rentes au prince et au seigneur.

L'esclavage est beaucoup moins fréquent aujourd'hui que par le passé, et l'on ne rencontre presque plus en Perse d'autres esclaves que des Géorgiens pris de temps à autre dans les incursions faites sur leur territoire pour enlever des individus et des bestiaux. Les Persans nomment ces courses tchapaau, et ils en reviennent rarement les mains vides. Ils ont pour ces sortes d'expéditions une passion extrême, et les plus grands dangers ne sauraient les retenir. On demandait à un Persan s'il ne serait pas bien aise de connaître le paradis : « Oui, certainement, dit-il, je vou- » drais bien savoir si l'on y fait des tchapaau. » Tout individu pris dans ces expéditions est vendu et appartient alors à celui qui l'a acheté, quelles que soient les réclamations que l'on adresserait de la Géorgie. Les Persans se permettent souvent des courses de cette nature, en pleine paix dans ce pays, autant pour satisfaire leur goût favori que dans l'espoir du pillage. Ils en faisaient aussi de semblables sur le territoire turc, mais ils ne s'en soucient plus guère : le pays étant misérable et les femmes peu jolies, ils ne sont pas tentés de s'exposer en pure perte, puisque avec moins de danger, la plus petite course en Géorgie leur rapporte plus de profit. Les femmes capturées dans ces expéditions sont vendues assez chèrement, car le goût général des Persans pour les femmes étrangères semble se fixer sur les Géorgiennes, dont la langueur et la mollesse leur plaît beaucoup.

Il ne faut cependant pas croire que toutes les femmes qui peuplent les harems d'une partie de l'Orient sont enlevées de cette manière; le plus grand nombre est vendu par leurs pères et mères. Pour faire ce trafic avec plus d'avantages, les parens géorgiens prennent autant de soins pour développer la beauté de leurs filles que nous en mettons à former l'éducation des nôtres; et comme elles sont très-précoces, on les présente dès l'âge de dix à douze ans à des marchands qui, à de certaines époques, viennent dans le pays pour des emplettes de ce genre.

Depuis que la Russie a acquis la souveraineté de ces contrées, l'exportation du sexe est prohibée; mais quelles que soient les précautions prises pour empêcher ce commerce, il n'a guère perdu de son activité, et la contrebande, pourvoit les bazars d'Erivan, de Kars et d'Arzeroum, avec presque autant d'abondance que par le passé.

On n'a nulle part autant de domestiques, et nulle part on n'est plus mal servi qu'en Perse; l'homme engagé pour dresser les tentes refusera de tenir la bride d'un cheval, sous prétexte que cette branche de service ne le concerne pas. Les grands ont quantité de domestiques; les devoirs d'une partie se bornent à saluer le matin leurs maîtres; après cet acte d'apparition, ils rentrent chez eux pour le reste de la journée. Les grands ont aussi deux mirza ou secrétaires; le premier est considéré comme l'intendant de la maison; et tient en conséquence note de toutes les recettes et de toutes les dépenses. Il règle aussi les comptes des kadkoudas, des villages appartenant à son maître, et lui présente aussi le sien tous les matins; après quoi il soumet à son approbation (1) les lettres, bons, reçus ou quittances qu'il doit expédier dans la journée.

____

(1) Les Persans, comme tous les Orientaux, ne signent point, mais revêtissent leurs lettres d'un cachet; ils en ont de plusieurs sortes, et chacun d'eux est spécialement affecté à un genre d'affaires.

Les seconds mirzas sont spécialement chargés de tout ce qui a rapport aux affaires extérieures avec le souverain et les begliorbeys, en un mot de tout ce qui est relatif à la politique, aux intérêts des gouvernemens ou des provinces qu'ils habitent. Les autres domestiques sont d'abord le nazer ou intendant; celui-ci règle tous les détails de la maison, fait toutes les dépenses, tient les clefs des magasins extérieurs, règle les comptes de tous les domestiques, et soumet lui-même les siens au mirza intendant.

Viennent ensuite les pich-kadmets qui, outre l'occupation que leur donnent les cailliaux, sont considérés comme les valets-de-chambre; les féraches ou laquais dressent les tentes en campagne; toujours en assez grand nombre, ils sont pour ainsi dire inutiles à la ville, où ils n'ont d'autre besogne que d'accompagner leurs maîtres quand ils sortent, et de les éclairer le soir quand ils rentrent tard. Les schoters, du service desquels j'ai déjà parlé; les jélandars (écuyers), les methers (palefreniers), les hachpass (cuisiniers), les servadars (chameliers et valets de bagage), les kodjas (eunuques), les sacas (porteurs d'eau), puis des valets de chiens, des fauconniers, des portiers, et une infinité d'autres individus dont les fonctions se réduisent à bien peu de chose, mais qui n'en portent pas moins le titre de neukers (domestiques) de tels ou tels seigneurs, et jouissent en conséquence d'un certain degré de considération parmi le peuple, et surtout dans les bazars, où ce titre leur fait obtenir toujours quelque crédit.

On serait porté à croire qu'un grand se ruine avec autant de monde à sa charge; mais cette sorte de luxe n'est pas très-onéreuse dans un pays où les domestiques ne coûtent pour ainsi dire rien à leurs maîtres.

On a vu plus haut que les revenus des riches propriétaires se paient en produits agricoles des villages qui leur appartiennent, et c'est aussi en grande partie avec du blé et de l'orge qu'ils paient leurs domestiques; car, à trois ou quatre près qui habitent la maison du maître, et qui trouvent à vivre des débris des repas, les autres ont des logemens particuliers où ils se retirent chaque soir avec leurs familles. En conséquence, les premiers domestiques, tels que les mirzas, reçoivent chaque année dix karwards et sept ou huit tomans d'argent; les nazers et les pich-kadmets, auxquels on ne donne que rarement du comptant, reçoivent seulement dix à douze karwards; tous les autres, indistinctement, n'en ont que de quatre à six, et un habillement complet tous les ans. Cet habillement n'est pas fort coûteux : il se compose d'une paire de brodequins, d'une robe, d'une capote et d'un bonnet, le tout coûtant à peu près deux tomans par tête. Les robes sont en kadeck, grosse toile de coton teinte, qui est à fort bas prix.

Les étrangers qui veulent des domestiques doivent les payer plus cher et s'attendre à en être encore plus mal servis que les naturels du pays. Ces domestiques sont d'ailleurs très-fidèles, et on peut leur confier toutes les clefs sans craindre qu'ils en abusent. Depuis que le roi et le prince royal ont pris la résolution de punir de mort toute espèce de vol, on n'en voit plus commettre, et l'on peut aujourd'hui traverser la Perse, chargé de millions, sans y rencontrer un seul voleur ni risquer une avanie; état bien différent de la Turquie, où il faut voyager bien armé et en nombreuse compagnie.

Un esclave mâle ne coûte pas très-cher, à moins qu'il ne soit habile dans quelque métier qui puisse rapporter beaucoup au maître qui ferait valoir son talent.

Les femmes sont plus chères à proportion ; on les a quelquefois vendues jusqu'à cinq ou six cents tomans. Il est cependant facile de s'en procurer de fort belles à meilleur compte : et à Erivan, marché ordinaire des Arméniennes, Géorgiennes et Circassiennes, on trouve de belles vierges au prix de soixante à cent tomans la pièce.

Les grands sont obligés de s'en procurer une certaine quantité, parce que chacune de leurs femmes veut en avoir pour son service particulier ; je connais des harems qui se composent, sans compter les maîtresses, de plus de cinquante personnes.

L'entretien de ces esclaves est peu coûteux ; tant qu'elles ne sont pas distinguées du maître, elles sont vêtues des vieilles robes de leurs maîtresses, qui ne sont pas fâchées de les voir sales et peu attrayantes. Mais du moment qu'une d'elles obtient un regard du mari, elle devient souvent plus brillante que les femmes légitimes ; on lui donne alors un appartement, et elle n'est plus soumise à aucune espèce de travail.

CHAPITRE XXXI.

DES CHEVAUX ET DES AUTRES ANIMAUX DOMESTIQUES DE LA PERSE.

Les animaux domestiques de la Perse sont à peu près les mêmes que ceux que nous voyons en Europe; on s'y sert également de chevaux et de mulets; mais comme, faute de voitures, on est obligé d'employer pour toute espèce de transport des bêtes de somme, on y fait un grand usage de chameaux qui, à la lenteur près, me paraissent préférables aux voitures pour transporter quelque objet que ce soit.

Ces animaux ne coûtent presque rien à leurs maîtres; ils ne vivent que de ronces et de chardons desséchés qu'ils préfèrent à la meilleure herbe. Ils ne sont pas plus embarrassans pendant l'hiver; on se contente de leur mettre sous le bât une simple couverture, et on les lâche ainsi sur le penchant des collines, où ils savent fort bien trouver leur nourriture en écartant la neige avec leur museau. Quoique cet animal paraisse être né pour vivre dans les pays chauds et même dans les sables brûlans, il est cependant certain qu'il n'est jamais plus gai ni aussi folâtre que lorsqu'il cherche la pâture à travers les neiges. Lorsque, marchant en caravane et fortement chargés, on s'aperçoit que quelques-uns commencent à se fatiguer, on leur donne une boule de pâte de farine d'orge, pesant trois à quatre livres; cela suffit pour les ranimer, et ils continuent leur voyage avec le même courage qu'auparavant.

Il n'existe pas d'animaux plus précieux et en même temps plus sobres, plus serviables et plus posés. Un seul homme en conduit jusqu'à sept, et ils marchent ainsi d'un pas égal, attachés les uns derrière les autres, sans jamais dévier de leur chemin; ils ont le pied sûr partout, quoi qu'ils ne voient pas où ils le posent, marchant le né trop au vent. En un mot, le chameau est un vrai trésor pour les Asiatiques et les Arabes, qui l'ont nommé avec beaucoup de sens le vaisseau du désert.

On parle beaucoup en Europe des chevaux persans, auxquels la renommée, souvent peu fidèle, accorde une grande réputation; mais je déclare ici que la Perse proprement dite n'en a que de fort mauvais, et qu'on en fait rarement usage, si ce n'est pour les transports; mais du moment qu'ils sont employés à ce genre de travail, ils perdent le titre de cheval et ne sont plus désignés que par celui de yabous.

Les chevaux les plus estimés en Perse, et les seuls qui servent de monture, sont arabes ou turkomans. Les plus pauvres cavaliers du royaume en possèdent de superbes, qui seraient d'un très-grand prix en Europe, quoique d'une valeur médiocre sur les lieux.

Les ânes sont très-communs, de haute taille et très-vigoureux ; malgré une charge considérable et un homme par-dessus, ils font de longues routes et vont plus vite que le grand pas des chevaux. Ils sont la monture ordinaire des seids ou prêtres qui, par humilité, vraie ou feinte, leur donnent la préférence.

Les autres animaux dont on fait usage sont les mulets, les buffles et les bœufs ; quand les Nomades changent de station, ils les utilisent tous pour transporter leurs tentes et leurs bagages ; dans ces occasions, les vaches, les veaux et les génisses sont aussi chargés en proportion de leur force.

Les chevaux arabes dont on se sert en Perse sont de la plus grande race, excessivement forts et d'une grande vitesse; ils peuvent courir pendant cinq heures sans rallentir beaucoup leur allure. Quoique très-estimés, ces animaux ne sont pas d'un prix excessif, et l'on peut s'en procurer de très-beaux pour cinquante à soixante tomans; mais on en trouve aussi qui coûteraient six fois plus.

.Les chevaux turkomans sont plus communément employés dans toutes les provinces de la Perse, parce qu'ils sont plus hauts et moins chers que les arabes; ils sont bons à tout, et c'est sans doute, après ces derniers, les meilleurs du monde pour faire la guerre. Ils sont un peu froids et ressemblent en cela aux chevaux anglais; ils ont d'ailleurs comme eux le défaut de butter, mais cela n'est pas dangereux, parce qu'ils ne s'abattent jamais. Le cheval de course anglais et le turkoman ont tant de ressemblance (car le cheval arabe pur est de petite taille), que je serais porté à croire que les Anglais ont formé leur race privilégiée avec le cheval turkoman. Celui-ci est de ce beau clair que l'on nomme guilding; il a la tête sèche, l'encolure longue et effilée, les jambes fines et la queue bien détachée. Il faut dire cependant qu'il est fort en ganache et long jointé, défauts qu'on trouve rarement dans les chevaux anglais et arabes.

Tous les chevaux sont entiers et causent par-là beaucoup de trouble dans les camps et dans les bivouacs, quand quelque jument de yabous s'en approche. Pour prévenir les inconvéniens qui pourraient en résulter, on attache tous les chevaux avec deux longes nouées à de grandes cordes fixées à terre par le moyen de fortes chevilles de fer, enfoncées à grands coups de massue. On laisse entre eux la distance nécessaire pour le passage d'un homme. Pour les empêcher de se donner des coups de pied, on leur entrave les jambes avec des cordes bifurquées, également fixées à terre avec des chevilles en fer. Ils bivouaquent en toute saison. En campagne comme en route, on les couvre avec une grande couverture de laine fourrée, sur laquelle on met un tapis de feutre fort long, que l'on retrousse sur le cou et sur la croupe de l'animal pendant le jour, et avec lequel on lui enveloppe tout le corps et la tête pendant la nuit, pour le préserver de l'humidité qui est fort dangereuse dans ce pays. Ces couvertures sont fixées sur les chevaux avec des sangles longues de vingt-cinq à trente pieds, qui passent sous la poitrine et sous le ventre, afin qu'ils soient bien et également couverts ; on ne les ôte que deux fois le jour pour les panser, les faire boire et les promener ; on nourrit les chevaux pendant neuf mois de l'année avec de la paille hachée et de l'orge, et on les met au vert pendant trois autres mois. Afin qu'ils ne répandent pas ces fourrages devant eux, on leur donne à manger dans des musettes d'étoffe de laine tissée en forme de filet pour laisser la respiration de l'animal libre.

Les Orientaux, ainsi que tous les peuples du Midi, ne battent pas le blé, mais ils le font fouler aux pieds des animaux pour en détacher le grain. Les Persans font, outre cela, rouler dessus une machine, armée de roues dentelées en fer, qui brise la paille et la rend presque aussi menue que le grain même. C'est dans cet état qu'elle est donnée aux chevaux, qui la mangent avec avidité, et j'ai reconnu depuis long-temps que cette nourriture, avec l'orge, est bien préférable au foin et à l'avoine. Ce qui semble justifier cet ancien proverbe des vieux cavaliers: cheval de paille, cheval de bataille!

Les chevaux de charge ou yabous, les mulets ou mules vivent de la même manière et ne quittent jamais leurs bâts pendant toute une campagne ; les Persans prétendent que cela durcit la peau du dos et les empêche de se blesser. Je ne sais sur quoi ils fondent cette opinion ; mais il est certain que l'on en voit fort peu qui le soient.

Les Persans, superstitieux en tout, le sont bien plus encore dans ce qui concerne leurs chevaux. Si par un accident quelconque, soit chute ou blessure, un de ces animaux a rendu du sang par le nez, ils ne veulent plus le monter, et les palefreniers mêmes se refusent à leur donner des soins, dans la crainte qu'il ne leur en arrive quelque malheur ; et comme ils sont fortement persuadés qu'un pareil accident est toujours le présage d'un événement sinistre, ils croient ne pouvoir mieux le prévenir qu'en abandonnant les chevaux à qui cela arrive. On en voit donc de vendus à des prix très-médiocres, et les personnes moins scrupuleuses en profitent pour se monter parfaitement et à bon compte.

Les buffles sont d'un très-grand service pour le labourage ; ils sont de grande taille, plus forts et durent plus long-temps que les bœufs ; ils m'ont paru plus lents que dans les autres parties de l'Orient. Les Arméniens en mangent souvent ; mais la viande en est dure, coriace, sans goût, et fait du bouillon noir comme de l'encre. Les mules et mulets n'y viennent pas très-grands. Ils sont d'ailleurs très-vigoureux et d'une méchanceté dangereuse.

Malgré l'horreur des Musulmans et surtout des Persans pour les chiens, il n'est cependant aucun pays au monde, sauf la ville de Lisbonne, où l'on en voie autant qu'en Perse. Il y en a de toutes les races, et bien qu'elles soient distinctes, on ne les connaît cependant que sous le nom de toulas et de tazis.

On entend par toulas tous les chiens quelconques qui ne sont pas lévriers. Les paysans les emploient dans les villages à garder les maisons, sur les terrasses desquelles ils sont à poste fixe hiver comme été ; il y en a une quantité prodigieuse dans les villes et même dans les champs ; ils n'ont pas de maîtres et je ne sais comment ils vivent. Les chasseurs en prennent souvent quelques-uns au hasard et les instruisent avec facilité, quelle que soit leur race, comme chiens couchans ou chiens courans ; et, chose singulière, j'ai vu souvent

Chasseur conduisant des chiens

l'un à côté de l'autre, un chien loup et un dogue, en arrêt sur des perdrix ou des faisans, et aussi fermes que pourrait l'être le meilleur braque espagnol.

Les tazis sont des levriers fort hauts qui ont le museau beaucoup plus alongé que ceux de nos pays, et les dents plus aiguës. Ils sont très-légers; on ne les emploie qu'à courir le grand gibier, qu'ils manquent rarement lorsqu'ils ne sont pas lancés de trop loin. Une particularité qui distingue aussi cette espèce, c'est d'avoir le corps couvert de poils fins et ras comme ceux des souris, tandis que les poils des oreilles et de la queue sont longs et unis comme de la soie.

Il y a des tazis de toutes les couleurs; mais les plus estimés sont les blancs, les noirs et les fauves. Ils ne mangent jamais de pain, et ne sont nourris qu'avec des têtes de mouton ou de gibier cru. Les Persans prétendent qu'ils en courent mieux, et que cela les excite à gagner la bête dont ils savent que cette partie doit leur revenir. Les chiens sont, après les porcs, les animaux pour lesquels les Persans témoignent le plus d'aversion; ils les regardent comme tellement impurs, qu'ils prennent les plus grandes précautions pour n'en jamais être approchés de trop près. Si, par exemple, les valets en conduisent quelques-uns, c'est au bout d'un grand bâton, qui les tient toujours assez loin d'eux pour qu'ils ne puissent toucher leurs robes. Il en est beaucoup qui ne leur mettraient ou ne leur ôteraient pas leurs colliers pour tout l'or du monde; et quand quelques-uns de ces pauvres animaux ont le malheur d'entrer dans les appartemens où il y a des tapis, comme personne ne voudrait plus s'y asseoir avant qu'ils n'eussent été lavés, les domestiques, que cette besogne contrarie, les assomment sur place, ou les rossent si bien, qu'ils ne sont plus tentés de revenir.

Les seigneurs persans ont cependant un grand soin de leurs tazis, parce qu'ils coûtent fort cher et sont des objets de luxe souvent très-difficiles à renouveler, surtout pour allier parfaitement les couples qui doivent être de même couleur. En conséquence, ils ont de fort bons chenils, on les nourrit bien; pendant l'hiver on leur donne des couvertures faites comme celles des chevaux et qui les enveloppent de même.

CHAPITRE XXXII.

DE L'ARMÉE, DE SES CHEFS ET DE SES CONSEILS.

———◄———

L'Armée de Perse est composée de troupes régulières et de troupes irrégulières. Celles-ci ne sont pas permanentes et sont licenciées aussitôt que la paix est conclue. Cependant, comme il y a une grande différence entre la composition actuelle de l'armée et l'ancienne, je reprendrai les choses de plus haut, afin de montrer les divers changemens qui ont eu lieu jusqu'à nos jours dans son organisation.

Les peuples persans se sont de tout temps distingués par un caractère éminemment guerrier : l'histoire en fait foi, et les Romains même ne furent pas toujours heureux contre eux. Valérien fut pris par Sapor Ier, et Romain-Diogène tomba au pouvoir d'Alp-Arslan, qu'il avait bravé.

La Perse a eu, comme presque toutes les nations du monde, ses époques de gloire, et chaque fois qu'elle a été gouvernée par des rois guerriers, elle est sortie avec éclat de l'apathie qui lui est en quelque sorte naturelle, et a failli causer si souvent sa perte.

Il paraît cependant que dans les temps anciens ses progrès dans l'art militaire furent peu marquans. La Perse ne sut jamais profiter des rudes leçons que lui donnèrent à différentes époques les Grecs et les Romains; et depuis Cyrus jusqu'à Nadir-Schah, on n'aperçoit aucune trace de tactique dans sa manière de faire la guerre. Ce sont des batailles livrées sans plan et sans but; beaucoup d'acharnement, à la vérité, mais ni art, ni ordre; quelquefois des ruses bonnes pour ces temps-là. Il en résultait de grandes défaites pour l'un ou l'autre parti, et le vainqueur en profitait pour compléter l'extermination de son ennemi.

Il paraît néanmoins que du temps de Bélisaire les armées persanes observaient une grande discipline, s'il faut en juger par la harangue que ce général fit à ses troupes, après l'avantage qu'elles venaient d'obtenir, tandisqu'à cette époque les Romains n'en avaient plus aucune.

Quand le fameux Thamas-Kouly-Khan, depuis Nadir-Schah, voulut convertir en armées les hordes avec lesquelles il avait exercé ses brigandages dans le Korassan, il introduisit parmi elles une subordination et une discipline qui, sans pouvoir être comparée avec celles d'Europe, lui donnèrent néanmoins un grand avantage sur toutes les troupes qu'il avait à combattre. Telle fut la principale cause des prodigieux succès qu'il obtint pendant tout le cours de sa vie. Il ne perdit qu'une seule bataille, et ce fut celle qu'il livra imprudemment à Topal-Osman, devant Bagdad, qu'il assiégeait, et ce revers l'obligea de lever le siége, en abandonnant son artillerie et ses bagages; tandis que s'il fût resté dans ses lignes, il est à présumer que la place qui était aux abois se serait rendue sous peu de jours, et que Topal-Osman se serait empressé d'effectuer sa retraite, pour ne pas avoir toute l'armée persane sur les bras. Ce fut cependant dans cette occasion que Nadir montra la profondeur de son génie et la grandeur de son courage; car deux mois s'étaient à peine écoulés, qu'il prit une brillante revanche sur l'armée victorieuse, lui livra bataille, et la détruisit complétement. Alors, comme longtemps auparavant, les soldats persans n'étaient que des hommes pris au hasard dans

toutes les classes et dans toutes les parties de
l'empire. Ils restaient à l'armée tant que cela
leur plaisait, ne se battaient que quand et où
ils le voulaient bien. Mais Nadir, qui était
homme de sens, convaincu que les avantages qu'obtenaient les Européens sur les
Turcs, n'avaient d'autre cause que leur discipline et l'ordre avec lequel ils faisaient la
guerre, se fit d'abord instruire de ces mé-
thodes étrangères autant que possible; il at-
tira secrètement quelques officiers français,
et commença par créer une artillerie, la
mit sur un aussi bon pied que ses ressources pouvaient le lui permettre, et, pour en
hâter l'organisation, en confia la direction
et le commandement à ces mêmes officiers
européens qu'il avait à son service.

Il rendit ensuite une ordonnance portant
que l'armée devait désormais se considérer
comme permanente, et prononça la peine de
mort contre quiconque abandonnerait son poste sans permission. Il réunit les différentes tribus et les fit toujours combattre ensemble,
afin d'exciter par ce moyen leur émulation; il
forma des espèces de brigades de deux mille
hommes, au chef desquelles il donna le titre de
sarangue; chaque bataillon, qui était de dix

compagnies, fut commandé par un min-bachi (chef de mille) , et chaque compagnie par un yous-bachi (chef de cent). Il créa également des sous-officiers qui, ayant chacun dix hommes sous leur commandement, furent nommés on-bachi (chef de dix); il classa l'infanterie en serbas , qui furent considérés comme de l'infanterie de ligne , et en toufang-chis ; qu'il fit servir comme tirailleurs ; il arma ces derniers de longues carabines à fourches, avec lesquelles ils pouvaient tirer fort juste à des distances considérables : il établit de même quelques règles pour la cavalerie; mais comme cette arme n'était en grande partie composée que de domestiques , esclaves ou soudoyés des khans , et des riches propriétaires qui les commandaient, il donna à chacun de ces chefs de parti le titre de sultan, puis les réunissant au nombre de dix à douze, il les mit sous les ordres d'un chef, qu'il nomma serkiardar. Il créa de plus des généraux qui avaient sous leurs ordres les uns cinq , les autres dix mille hommes, et les distingua par les noms de heche-min et de on-min-sardary (général de cinq ou de dix mille hommes).

Il rédigea enfin une loi concernant la subordination , la police du camp, l'ordre des marches et le mode de fourrager, ce qui soulagea beaucoup les malheureux habitans, et mit une grande économie dans les ressources.

Il récompensa toujours avec magnificence, mais ne fit jamais grace aux coupables qu'il punissait souvent d'une manière trop cruelle. Il réunit à son armée des Arabes, des Curdes, des Turcomans, des Afgans, des Indiens, et par ce moyen il excita l'émulation des Persans, qui, naturellement orgueilleux et ne pouvant souffrir que les succès de leur chef fussent attribués à d'autres qu'à eux, se battaient alors dix fois mieux que s'ils eussent été seuls, et qu'ils n'eussent pas eu d'étrangers à éclipser ou au moins à égaler.

Après la mort de ce conquérant, l'armée, fatiguée depuis long-temps par les longs et pénibles travaux auxquels il l'avait soumise, se désorganisa et se dispersa. Des bandes, profitant des troubles auxquels la Perse était alors livrée, se répandirent dans toutes ses provinces, et y exercèrent les plus affreux brigandages pour satisfaire leur inclination destructive et se procurer une existence que le travail, l'agriculture et les arts ne pouvaient plus leur offrir.

Depuis cette époque, l'état militaire de

Perse tomba en décadence sous les différens compétiteurs qui s'en disputaient la souveraineté. Les guerres se bornèrent à des rencontres et à des escarmouches de cavalerie où il restait rarement une centaine d'hommes sur la place; et comme la discipline dégénérait de plus en plus, il est probable que si la guerre avec la Russie ne se fût pas rallumée, les Persans auraient tout-à-fait perdu la connaissance des armes, et auraient été subjugués par leurs voisins, notamment par les Turcs qui n'ont jamais renoncé au projet de ressaisir les belles possessions que Nadir-Schah leur a enlevées dans l'Azerbidjan.

Aga-Mohammed-Khan fut celui qui depuis ce conquérant redonna un peu de lustre aux armes persanes; bien qu'eunuque, il n'en était pas moins doué, ainsi que le célèbre Narsès, son compatriote, de qualités mâles et énergiques, réunies à de grands talens militaires. Il châtia toutes les provinces rebelles dont ses prédécesseurs n'avaient pu venir à bout; il reconquit le Korassan, mais déshonora ses victoires par sa conduite envers le vénérable Schah-Roch, qu'il fit torturer jusqu'à la mort, pour le forcer à déclarer où il avait caché ses trésors. Son expédition eu

Géorgie aurait donné un grand lustre à ses armes, s'il ne l'eût pas ternie par sa cruauté. Tefflis, sa capitale, fut pillée, saccagée et réduite en cendres, uniquement pour se venger du prince Héraclius, qui avait préféré la protection de la Russie à la sienne. Quelque temps après sa mort, plusieurs déserteurs russes se réfugièrent en Perse, et y apportèrent les premières idées de la tactique européenne; ils furent nommés officiers, et encouragés par un certain Amed-Khan, alors beglierbey de la province de Tébris, pour lequel ils formèrent quelques bataillons organisés d'une manière si imparfaite, qu'au bout de quelques mois, il ne restait pas un homme aux drapeaux.

L'état militaire de la Perse retomba donc encore une fois dans le plus grand désordre; et depuis cette époque jusqu'au moment où l'ambassade française réorganisa de nouveau quelques corps d'infanterie, on ne voit pas ce qui a pu empêcher l'armée russe de marcher sur Téhéran, et de s'emparer de toute la rive gauche de l'Araxe, pour laquelle on s'est disputé si long-temps, et qu'on n'a néanmoins obtenue qu'en partie par la paix dernière: il est certain que les troupes qui lui

furent opposées jusqu'en 1800 , ne se composaient que de quelques mauvais soldats d'infanterie irrégulière, et de bandes de cavalerie
qu'on employait plutôt à faire des incursions
en Géorgie pour désoler le pays et en détruire
les ressources , qu'à faire une guerre réelle.
L'artillerie (elle existe encore aujourd'hui) se
réduisait à quelques petites pièces d'une et
demie et de deux livres de balles, portées à
dos de chameau. Tous ces moyens réunis n'étaient pas capables d'empêcher une armée
régulière russe d'entrer et de se maintenir en
Perse , si elle eût été commandée par des
hommes qui connussent la valeur réelle des
Persans, leur manière de se battre, et surtout
la nature de leurs ressources , chose qui n'a
jamais existé en Géorgie. A l'exception de
M. de Tzitzianoff , aucun des officiers-généraux revêtus de cet important commandement, n'a connu le système à employer contre
cette nation qu'on peut vaincre et réduire en
peu de temps sans user de grands moyens.
Cette extrême faiblesse n'aura cependant pas
échappé à l'attention du commandant actuel , aussi distingué par ses qualités militaires que par les connaissances qui constituent l'homme d'état.

Ce fut à cette époque que le roi envoya en Azerbidjan son second fils, Abas-Mirza, quoique fort jeune encore, pour diriger les opérations militaires; dès ce moment tout prit une face nouvelle. Le prince mit le plus d'ordre possible parmi les troupes irrégulières qui étaient pour ainsi dire les seules dont il pouvait disposer. Il accueillit tous les déserteurs russes, les chargea de former plusieurs corps, et commença à s'instruire lui-même avec un zèle et une activité étonnantes. On entrevit alors les talens et les brillantes qualités qui l'ont si éminemment distingué depuis.

L'organisation de l'armée gagna ainsi sous sa direction de jour en jour; mais ce ne fut réellement qu'après l'arrivée du général Gardanne et des officiers français qui l'accompagnaient, qu'on eut des hommes ressemblant à des soldats, quoique ceux formés par les Français se ressentissent de la négligence des organisateurs qui en faisaient l'objet de leurs plaisanteries. D'un autre côté, le manque d'armes et d'argent empêchant le prince d'habiller ses troupes comme en Europe, il y pourvut en leur donnant des robes de la même couleur, boutonnées sur la poitrine

Serbæ. soldat régulier de la première formation.

pour qu'ils eussent l'air un peu plus militaire ; il fit adapter des baïonnettes à tous les fusils qui pouvaient en recevoir ; on répara les vieilles armes qui depuis Nadir-Schah dépérissaient dans les arsenaux ; au lieu de giberne, on donna à chaque homme, pour mettre ses cartouches, un petit sac en cuir attaché par-devant en dessous de la ceinture, ce qui était aussi dangereux qu'incommode. En un mot, on fit tout ce que de petits moyens pouvaient permettre ; et ce n'est qu'en dernier lieu, quand les circonstances mirent la Perse en relation intime avec l'Angleterre, et qu'elle en reçut des subsides, qu'elle porta son armée au point où elle est aujourd'hui.

Le prince commande toujours l'armée en personne quand elle est employée en totalité ; mais quand on en détache quelque partie pour des expéditions secondaires, il en donne le commandement à des Khans, qui ne lui font jamais que des bévues, parce que ce sont toujours des personnages aussi ignorans que présomptueux. Tout ce qu'on a pu lui dire à cet égard ne l'a pas corrigé de sa fatale confiance dans ses lieutenans : et plus ils ont fait de fautes, plus il semble leur marquer de bienveillance. Je hazardai moi-

même un jour des représentations très-sérieu-
ses, au sujet d'une expédition dont je devais
faire partie et dont il confia le commandement à un de ses parens. Comme il ne voulut
rien entendre, je finis par le prier de donner mes troupes à qui bon lui semblerait, en
l'assurant que je n'irais pas servir sous les ordres d'un homme qui avait fui lâchement plusieurs fois, et causé la perte des détachemens
qu'on lui avait donnés à conduire. Le prince,
voyant que j'avais pris mon parti, fut assez
bon pour suivre en cela mon avis, et me rendit indépendant de son cher cousin, avec les
troupes régulières qui étaient sous mes ordres.

L'entêtement du prince dans cette circonstance était d'autant plus blâmable que, depuis qu'il a acquis des connaissances militaires, il est à même de sentir l'importance de
ne confier des commandemens de cette sorte
qu'à des hommes capables et qui aient au
moins une idée de géographie, chose étrangère à presque tous les généraux persans. La
plupart n'ont jamais vu de cartes; celles
qu'on trouve dans ce pays ont été apportées
par des Européens, encore sont-elles fort
inexactes. Au reste, quand elles seraient de

la plus grande perfection, elles ne pourraient servir à des gens qui n'en ont pas la première idée, et qui en les voyant demandent ce que signifie ce barbouillage et à quoi il peut être utile. Telle était la question que m'adressa un jour le Sardar-Emin-Khan, cousin du prince, à qui on en présentait une. Ces soi-disans généraux ne font la guerre que sur des oui-dire, marchent en aveugles et ne savent même pas s'orienter. Ils vont d'un lieu à un autre sans avoir une idée des localités, en se laissant guider par des misérables qui se disent pratiques des pays où l'on agit, et qu'ils sont forcés de croire sur parole; aussi arrive-t-il quelquefois que ces guides, qui ne sont souvent que des émissaires de l'ennemi; après s'être rendus utiles pendant quelques jours, finissent par conduire des corps entiers dans des embuscades. Nous en eûmes malheureusement un exemple dans la campagne de 1812, dans laquelle un détachement de six cents cavaliers fut entraîné de cette manière au milieu du camp russe, où il fut taillé en pièces, à l'exception de quatre ou cinq hommes qui vinrent en rapporter la nouvelle à Tébris.

Mais la manière de tenir conseil et de délibérer sur les opérations de guerre est bien autrement singulière, et quels que soient les désastres qui en aient résulté, on n'a pu réussir jusqu'à présent à la faire changer.

On croirait sans doute que quand le prince royal veut combiner un plan il y met tout le secret possible, et que tout ce qui se traite à cette occasion est à huis-clos; c'est précisément tout le contraire : il assemble les grands, les ministres, entre en matière avec eux; mais quelle que soit la nature de la délibération, l'usage du pays veut que les domestiques soient continuellement aux portes et même dans l'appartement. On a eu beau dire, on n'a jamais pu, même dans les circonstances les plus importantes, décider les maîtres à les éloigner. Il suit de là que deux heures après une conférence où l'on a décidé qu'on ferait telle ou telle opération, tout le camp en est instruit, et pas un soldat n'ignore quelle sera la marche de l'armée. Aussi les Russes ont-ils toujours été prévenus de ce que l'on devait tenter contre eux, et se sont par conséquent trouvés en mesure de recevoir les Persans qui, croyant les surprendre, se trouvaient presque toujours surpris eux-mêmes. Les pertes énormes qu'ils ont essuyées en plusieurs occasions ne les ont pas corrigés, et ils ont continué à suivre la même routine.

Le prince royal faillit une fois être victime de cette manière de procéder. Dans le mois de septembre 1812, on eut avis qu'un corps russe, commandé par M. Kotlérowsky, se portait sur l'Araxe pour venir reprendre le fort de Lankaran, que j'avais surpris quelques mois auparavant, et pénétrer dans Ardebil. Le prince résolut de suite et publiquement de marcher à sa rencontre ; j'étais alors absent et n'en appris la nouvelle qu'à mon retour le lendemain. Son altesse royale m'ayant appelé pour avoir mon avis sur cette opération, je fis de vains efforts pour la dissuader de l'entreprendre, lui en démontrant toute l'inconséquence, et lui représentant que les Russes, obligés de venir chercher un gué à Oslanduz, traverseraient un long espace de mauvais pays qui les fatiguerait ; qu'après leur passage il serait facile d'inquiéter leurs derrières, en jetant dans le Mogan un corps considérable de cavalerie qui intercepterait leurs communications et les priverait de vivres ; qu'ainsi ils seraient obligés de se retirer avant même d'avoir vu son armée ; que celle-ci, placée au point central d'Ahar, serait à même de se porter en un jour ou deux sur les points sérieusement menacés. Le prince ne voulut rien entendre, et me répondit crûment que pour cette fois il en ferait à sa tête; je me doutais bien qu'il n'avait pris cette résolution que d'après les conseils de deux jeunes officiers anglais, qui suivaient les instructions secrètes de leur ambassadeur, et dont l'un commandait une batterie de vingt pièces d'artillerie à cheval (1). Je le suppliai donc,

------

(1) Celui-ci avait reçu depuis long-temps, par M. de Vezelago, capitaine de haut bord, commandant des forces maritimes de S. M. l'empereur sur la mer Caspienne, la ratification officielle de la paix entre la Russie et la Grande-Bretagne; et n'en continua pas moins à opposer les officiers anglais à l'armée russe, malgré les observations qui lui furent faites à cet égard. A l'époque dont je parle, et quand le prince voulut se rapprocher de l'Araxe, MM. L..... et C....., qui tenaient beaucoup au commandement de leur corps, allèrent chez leur ambassadeur pour savoir de quelle manière ils devaient se conduire dans cette circonstance; celui-ci mit la main devant ses yeux, disant qu'il ne voulait rien voir, et qu'il les laissait maîtres de leur conduite. Il se doutait bien que ces jeunes officiers ne renonceraient pas volontiers au

le voyant résolu à une telle démarche, de prendre de grandes précautions, et qu'il me permît de rassembler toute la cavalerie, pour être prêt à protéger la retraite à laquelle il serait immanquablement forcé, et qui pourrait bien se convertir en déroute si elle n'était soutenue par cette arme. Il était tellement persuadé du succès qu'il me railla, ajoutant qu'il lui avait déjà donné l'ordre de se porter sur un autre point, n'en ayant aucun besoin dans cette occasion. Piqué de cette réponse, je l'assurai, en me retirant, que sous peu de jours il rendrait plus de justice à mon expérience. Je n'eus malheureusement que trop raison. M. de Kotlérowsky, instruit de ses desseins et prévenu de tous ses mouvemens, au lieu de passer l'Araxe à Oslanduz, comme il en avait d'abord eu le projet, effectua son passage quelques milles plus haut, et vint, le 1er octobre, à dix heures du matin, attaquer en même-temps le flanc gauche et les derrières de l'armée persane. La confusion se mit partout, malgré les efforts du major Christie qui se battit en brave;

---

commandement de leurs troupes, et encore moins aux énormes émolumens qu'elles leur rapportaient.

mais qui, blessé et pris par les Cosaques qui le reconnurent pour Anglais, fut mis en pièces, d'après un manifeste de M. de Kotlérowsky. Ce général, informé qu'au mépris de la nouvelle alliance qui unissait leurs deux maîtres, des officiers anglais étaient dans les rangs ennemis, avait ordonné de les saisir morts ou vifs. Le capitaine L...., aussi circonspect que son compagnon était intrépide, lâcha le pied dès le commencement de l'affaire, et abandonna toute son artillerie, dont les Russes s'emparèrent, ainsi que des munitions et de tout le camp. Les débris de l'armée persane se sauvèrent à Tébris, où je commandais alors. Le prince me témoigna alors par écrit le regret de n'avoir pas suivi mes avis ; il me recommanda de tout employer pour créer un nouveau matériel d'artillerie, et se procurer des tentes dont on n'avait pu sauver une seule.

Les Russes firent dans cette action un immense butin, tant en or et argent qu'en pierreries, vaisselle, schals, robes, plateaux, cailliaux, etc. Tout ces objets se vendaient quelques jours après dans leur camp à vil prix. Les effets des officiers anglais, ainsi que ceux de leurs chirurgiens, s'y trouvaient aussi.

Quoique sir G. O. les eût tacitement auto-
risés à se trouver à cette action, au mépris
de la nouvelle alliance, cela ne l'empêcha
pas d'écrire officiellement aux généraux Re-
tischeff et Kotlérowsky, pour réclamer les
effets de ces officiers, sous prétexte qu'ils n'é-
taient là que pour régler quelques affaires
d'administration. Le fait est que le major
Christie avait réellement été blessé et pris à
la tête du corps qu'il commandait.

L'armée persane est plus ou moins forte,
suivant l'ennemi auquel l'on a affaire. Elle est
peu nombreuse si l'on n'a que des Turcs à
combattre, car on ne les redoute point dans
la Natolie. Les Curdes, qui se trouvent entre
eux et les Persans, suffiraient seuls pour les
contenir. Durant toute la guerre dernière avec
la Russie, les Persans ont mis plus de cinquante mille hommes en campagne, dont
les deux tiers de cavalerie irrégulière; cependant, si le besoin l'exigeait, la Perse pourrait
fort aisément en mettre deux cent mille bien
armés sur pied, dont cent cinquante mille de
cavalerie; et dans le cas d'une invasion, toute
la population devant prendre les armes, le
nombre des combattans doublerait et au-delà,
surtout si les provinces aujourd'hui indépen-

dantes, telles que le Korassan, n'étaient plus en rébellion et prenaient part à la guerre. La Perse disposerait encore dans ce cas de plus de trente mille Curdes, qui ne sont certainement pas leurs plus mauvaises troupes; car, selon moi, leur cavalerie est aussi bonne que celle des Mameloucks.

J'ai dit plus haut que l'armée irrégulière n'est point permanente; mais, à bien prendre, l'armée régulière ne l'est guère davantage. Le prince, par des raisons d'économie, laisse toujours la moitié des hommes de chaque régiment dans leurs foyers. Du moment où ils y sont arrivés, ils ne touchent plus ni paie ni vivres; les soldats ont des congés de trois, quatre ou six mois, à l'expiration desquels ils rejoignent leurs drapeaux en temps de guerre. Si la paix paraît solide, on les licencie tout-à-fait, sans qu'ils cessent pour cela d'être soldats; ils jouissent en cette qualité d'une gratification annuelle de deux ou trois karwards de grains, à condition de rentrer dans les cadres de leurs corps à la première réquisition.

Lorsque la guerre est peu active, ou pendant les quartiers d'hiver, on se contente de rassembler ces permissionnaires une fois par mois pour les exercer deux ou trois jours : ils reçoivent alors les vivres; mais pour ce temps seulement, et la ration est composée de pain et de fromage.

Les officiers sont payés en temps de paix comme en temps de guerre, et n'en font pas mieux leur service.

CHAPITRE XXXIII.

DES TROUPES IRRÉGULIÈRES ET DE LEUR MANIÈRE DE COMBATTRE.

Les troupes irrégulières de l'armée sont divisées en beaucoup de classes, et comme chacune d'elles a une composition particulière ; je donnerai des détails sur leur organisation, leur nombre, et leurs différentes manière de combattre.

La principale force de la Perse consiste, ainsi que chez tous les Orientaux, en cavalerie, qui est toujours chez eux trois ou quatre fois plus nombreuse que l'infanterie.

La première cavalerie du royaume est celle des kasal-bach ou cuirassiers irréguliers ; la forme de leurs armes est fort ancienne ; on la retrouve, à peu de chose près, sur d'antiques trophées perses et sur quelques bas-reliefs sculptés pour éterniser quelques-unes de leurs victoires. Ces cuirassiers sont au nombre de

vingt mille, répandus dans tout l'empire, et
quatre mille sont toujours près de la personne
du roi en campagne et en route : ils sont réputés fort braves quand ils se battent contre les
Turcs ; mais comme ils n'ont jamais eu affaire
à des troupes européennes, ils ne peuvent
s'accoutumer au canon, dont le bruit les im-
portune et les déroute absolument. Ils sont
tous fort bien montés sur des chevaux turcomans ; ils ne se servent jamais d'armes à feu,
et ne font usage que de la lance et du sabre ;
ils ont pour armes défensives des casques de
fer doré, autour desquels sont des garnitures
de mailles d'acier qui leur garantissent le cou
et retombent sur leurs épaules. Leurs cuirasses sont également faites de cottes de mailles en forme de chemise, dont les manches
ne descendent que jusqu'aux coudes pour en
alléger le poids ; l'avant-bras gauche porte
un bouclier rond fait en forme d'écu, et au
droit un brassard terminé par un gantelet
armé. Les lances dont ils se servent sont fort
légères, le fer en est aigu, et les bâtons
ordinairement faits de bambous élastiques
de treize à quatorze pieds de longueur,
d'une dureté telle qu'on a peine à les cou-
per avec le sabre. Les cuirassiers persans ne

manient pas cette arme comme les Eurpéens, par-dessous le bras droit, mais seulement à la main, le poignet levé au-dessus de la tête comme s'ils voulaient les lancer en avant.

Quand ces cuirassiers ont affaire aux Turcs, ils n'emploient jamais cette arme que pour les rompre et jusqu'à ce que l'ennemi ait tourné le dos : alors ils font usage du sabre, avec lequel ils deviennent bien plus redoutables, car il est peu d'hommes qui puissent se vanter de le manier aussi bien qu'eux.

Le prince leur donne, comme à tous les cavalers irréguliers, une fois pour toutes, des armes et un cheval qu'ils sont obligés de remplacer à leurs frais quand il est hors de service ou s'il vient à crever, à moins que ce ne soit à la suite des événemens de la guerre, car alors le souverain leur en fournit un autre ou leur donne vingt tomans pour les remplacer. Ils en ont vingt-quatre de solde pour se nourrir et s'entretenir eux et leurs chevaux ; on y ajoute cependant trois ou quatre karwards de grains par an pour la subsistance de ceux-ci.

La seconde cavalerie est celle des golams, dont j'ai déjà parlé. Ce mot signifie esclave, et ceux qui le portaient jadis n'étaient que

Serbier, Soldat irrégulier de la seconde formation.

des misérables dont le souverain se servait pour les emplois les plus vils; mais aujourd'hui c'est un titre respectable. Les golams du roi, au nombre de quelques milles, sont choisis parmi la fleur de la jeunesse persane. Les princes ont aussi leurs golams qui à la guerre prennent rang après ceux du roi; ils sont tous montés avec des chevaux arabes, et forment la garde particulière du roi en campagne; ils s'exercent sans relâche, aussi sont-ils d'une adresse inconcevable. Toutes les armes leur sont familières; mais ils ne se servent jamais à l'ennemi que de la carabine, du pistolet et du sabre. Leur solde n'est pas fixée et dépend entièrement de la volonté du souverain; quelques-uns d'entre eux n'ont que vingt tomans de solde, tandis que d'autres en ont jusqu'à soixante. Cette différence dans le traitement est arbitraire et n'est pas fondée sur celle des grades. Tous les golams sont égaux et ne sont pas soumis à cette hiérarchie de pouvoirs qui existe dans les autres corps. Ils ne connaissent qu'un chef après le roi, et ne se battent en corps que conduits par lui. On leur fournit, ainsi qu'à tous les autres cavaliers du royaume, quelques sacs de blé et d'orge provenant des domaines particuliers du roi.

La troisième cavalerie, et la plus utile, est celle des golams-toufangchis; ils sont organisés, montés et armés comme les golams, et, à l'instar de nos dragons européens, destinés à se porter avec rapidité sur un point quelconque pour y faire le coup de fusil à pied; en conséquence, au lieu de carabines ils ont de longs mousquets à canons rayés, à l'extrémité desquels sont des fourches de bois à deux branches, pour les supporter quand ils ajustent. Quelques-uns d'entre eux tiennent les chevaux, et les autres se portent à une certaine distance en avant pour tirailler; la position qu'ils prennent est alors gênante, et il ne faut rien moins qu'une longue habitude pour pouvoir s'y ployer. Au lieu de tirer debout, ils s'accroupissent ou se mettent à genoux, en se courbant assez pour que le canon du mousquet qui reverse sur la fourche soit parallèle au sol à deux pieds au-dessus.

Quand le cas exige qu'ils montent à cheval et qu'ils chargent l'ennemi, ils rivalisent de bravoure, de force et d'adresse avec les golams, auxquels ils se joignent souvent dans ces occasions. Leur nombre est considérable, et ils se sont fort distingués dans la dernière guerre, particulièrement à la reprise de Lau-

karan, dont ils formaient la garnison, et où ils ont soutenu trois assauts vigoureux commandés en personne par le lieutenant-général Kotlérowski, qui, comme je l'ai déjà dit autre part, y fut dangereusement blessé, et perdit dans cette action plusieurs officiers du régiment de Kerson, dont il était chef. La solde des golams-toufangchis est la même que celle des golams, auxquels ils sont assimilés, faisant comme eux partie de la garde royale.

Vient ensuite la cavalerie provinciale que l'on désigne par le nom de hatly (cavalerie), auquel on ajoute celui du pays où elle a été levée, et celui des khans ou beys qui les commandent. Cette troupe est très-nombreuse et forme la presque totalité des forces de l'empire : elle a dans chaque province un chef sous les ordres duquel sont les commandans particuliers, qui ont chacun un nombre déterminé d'hommes qui leur sont subordonnés ; leur armement n'est pas régulier, car quelques-uns portent des fusils, tandis que les autres ont des lances ; cette troupe est mal montée en comparaison des autres corps de cavalerie dont j'ai parlé, ce qui ne les empêche pas d'être fort braves et remplis de la

meilleure volonté, une fois qu'ils sont hors
de chez eux; mais il n'est pas toujours facile
de les en arracher, surtout en hiver. On les
emploie à tout; ils ne sont cependant jamais
bien redoutables, si on ne les fait soutenir par
des corps d'élite. Alors seulement ils rivalisent d'émulation et se battent avec acharnement; ils sont montés et armés par les mêmes
moyens que les autres corps de cavalerie; leur
solde est de quinze tomans avec trois karwards
de grains par an; leurs places sont transmis-
sibles à leurs enfans, et quand ils ne peuvent
ou ne veulent pas entrer en campagne, il
suffit qu'ils mettent à leur place leurs fils,
leurs neveux ou quelques-uns de leurs parens
pour satisfaire les chefs, qui tiennent plutôt
au nombre qu'à la qualité des hommes.

L'hatly de la province d'Ourouméa, c'est-
à-dire les Afchards, fait exception à ce que
nous venons de dire relativement à la tenue
et aux remontes. Les hommes sont tous choisis, bien montés, bien armés, et, par-dessus
tout, commandés par des braves. Cette différence provient de plusieurs causes : d'abord,
ils sont Turcomans, et par conséquent beaucoup plus propres au métier des armes que
les Persans proprement dits; ensuite, comme

Djanbas, soldat irrégulier du Roi

voisins de la frontière, ils seraient continuellement exposés aux incursions des Curdes et
des Turcs, s'ils ne se maintenaient sur un pied
respectable et capable d'en imposer à d'aussi
mauvais voisins. Enfin, jouissant de temps im-
mémorial de la réputation justement méritée
d'être les meilleurs et les plus braves cavaliers
de la Perse, ils ont l'amour-propre de vouloir
justifier l'opinion qu'on a d'eux à cet égard, et
ils sacrifieraient le nécessaire plutôt que de paraître avec des chevaux et des armes ordinai-
res. Le luxe qu'ils étalent dans ces objets fait
souvent toute leur richesse. Il faut convenir cependant que la crainte de les perdre paralyse
souvent le courage des plus braves soldats.

Ils sont divisés par classes, c'est-à-dire que
ceux armés de carabines sont sous le commandement d'un chef particulier, et ne se mêlent
pas avec ceux qui ont des lances, qui forment
un corps différent. Quelle que soit la dextérité
avec laquelle ils manient cette arme, ils sont
incomparablement plus à craindre avec leurs
javelots; ceux-ci sont faits d'un seul morceau
de fer de trois pieds et demi de longueur;
l'une des extrémités est terminée par une lame
à trois côtés, semblable à celle d'une lance
très-aiguë, et l'autre porte deux saillies ou

boutons distans de six pouces. Les Afchards portent toujours deux de ces javelots dans un fourreau placé presque horizontalement sous la cuisse droite, et fixé au quartier de la selle au moyen d'une double sangle bien serrée qui passe par-dessus, comme celles que nous nommons surfaix : ils emploient ces armes avec beaucoup de succès contre les Turcs, qui les redoutent beaucoup ; ce n'est qu'avec une longue pratique et de la force qu'on parvient à les lancer avec perfection. Les Afchards, qui sont fort experts dans cet exercice, saisissent le javelot par le milieu, et le balancent perpendiculairement de devant en arrière, sans ajuster l'objet qu'ils veulent atteindre ; ils ne l'élèvent au-dessus de la tête et ne le mettent en ligne horizontale que quand ils ont fait le mouvement nécessaire pour le lancer. On est étonné de voir avec quelle justesse ils lancent cette arme à une distance de plus de quarante pas au grand galop. La plupart de ces cavaliers ne descendent pas de cheval pour les ramasser, et les saisissent à terre au grand galop avec une adresse inconcevable. Les Turcs, pour les éviter, se couchent sur les leurs, et, regardant en arrière autant que cette position peut le leur permettre, tendent le bras en arrière pour tâcher de les détourner avec leurs sabres, ce qui leur réussit bien rarement.

La plus mauvaise cavalerie du pays est, sans contredit, celle nommée azary. Elle est montée et armée par le souverain, et les hommes qui la composent sont obligés d'avoir continuellement leurs chevaux disponibles. Ils ne touchent point de solde, et s'ils entrent en campagne, ils ne reçoivent que les vivres et les fourrages. Cette cavalerie est pitoyable à voir quand on l'assemble, ce qui n'arrive pas souvent; on n'aperçoit que des vieillards qui n'ont quelquefois pas monté à cheval depuis vingt ans, les uns armés de vieilles carabines couvertes de rouille et dont les bois sont vermoulus; les autres, de sabres ou de lances, qu'on dirait ne pas avoir vu le jour depuis un siècle. Ceux-ci envoient à leur place, dans un aussi brillant équipage, des enfans de dix à douze ans, montés sur des chevaux boiteux ou borgnes, ou sur des jumens qui n'ont jamais porté la selle; ceux-là se font remplacer par des domestiques, et c'est encore ce qu'il y a de mieux; car pour peu que ces gens soient sûrs d'être employés, ils obligent leur maître à leur donner de bons chevaux et de bonnes armes, afin de n'être pas pris pour le compte d'autrui.

Le roi a aussi pour sa garde un corps d'infanterie de douze mille hommes, dont il a donné le commandement à un Géorgien qui les a disciplinés jusqu'à un certain point. Ils sont choisis parmis les plus beaux hommes et les meilleurs tireurs du royaume : on les nomme djanbas; ils sont tous vêtus uniformément de robes rouges très-courtes, et armés de longs fusils, sans baïonnettes, qui pèsent plus de vingt livres; ils ne font pas usage de cartouches, et chargent avec de la poudre et des balles sans bourre, ce qui ne les empêche pas de tirer très-loin et fort juste. Leur solde n'est pas considérable, parce qu'ils sont logés, nourris et vêtus par le roi, qui n'ajoute à ce traitement que douze tomans par an, avec un supplément de deux ou trois karwards de grain à ceux qui sont mariés, pour les aider à entretenir leur famille.

Le roi a ensuite un autre corps d'élite de quarante mille hommes, dont la majeure partie est composée de Kadjards. Quoique ce corps ne soit pas permanent, il peut néanmoins être rassemblé en fort peu de jours, parce qu'il est dispersé sur un rayon de quinze à vingt lieues autour de la capitale. Ces gens sont fort braves, et à l'époque de la paix, le roi avait déjà donné des ordres pour qu'il en fût formé quarante bataillons réguliers qui, avec les dix régimens de lanciers qu'il voulait également organiser, devaient former un corps de réserve de trente mille hommes. Son intention était de lui attacher trente pièces de canon, et de le tenir constamment près de lui à Téhéran; mais la conclusion de la paix empêcha l'exécution complète de cette mesure; l'artillerie seule était déjà formée et bien servie. Ce corps de quarante mille hommes se nomme schay-toufangchis (fusiliers du roi); il est armé comme les précédens, et a la même manière de combattre, c'est-à-dire, sans ordre et sans principes.

Malgré leur mérite particulier et une sorte de faveur, ces fusiliers sont pour la plupart couverts de haillons; la solde entière de douze tomans ne leur est accordée qu'en campagne, outre les vivres; mais en temps de paix, ils sont réduits à six tomans, auxquels on ajoute comme par grâce deux ou trois kar-wards de grain pour leur subsistance.

La manière de faire la guerre des troupes irrégulières n'a pas subi d'altération depuis plusieurs siècles; elles se rassemblent par masses, s'excitent, s'encouragent mutuellement par des cris et d'affreux hurlemens, auxquels l'ennemi répond avec la même fureur. On se fusille de fort loin, et jamais l'infanterie n'en vient aux mains. La cavalerie, par bandes énormes, se présente, tâtonne toujours fort long-temps avant de se décider à charger, et n'en vient là que quand les cris ont stimulé les cavaliers et que plusieurs d'entre eux les enlèvent avec les mots *alaa !* Le parti qui fait tourner le dos à l'autre le poursuit avec acharnement, et comme alors on ne voit plus que confusion, une seule charge bien fournie procure la victoire, si, comme cela arrive presque toujours, il n'y a point de réserve pour arrêter les vainqueurs. Les Persans sont forts pour dresser des embuscades, et c'est peut-être le seul cas où l'on puisse obtenir d'eux un peu de silence. Quant à leurs ruses de guerre, elles ne sont pas dangereuses, et il faut qu'ils aient affaire à des hommes aussi stupides que les Turcs, pour qu'elles réussissent. On en pourra juger par celle que leur tendit Nadir-Schah en Azerbidjan, dans leur dernière guerre contre lui. Nadir, qui était beaucoup plus faible qu'eux, et ne pouvait terminer cette campagne que par une bataille, eut le talent de la leur faire accepter. Il fit creuser en une seule nuit, sur une immense étendue, un fossé large et profond, rempli de piquets aiguisés : cette espèce de tranchée fut couverte avec des claies d'osier, sur lesquelles on étendit de la terre. On avait laissé çà et là quelques passages étroits pour faciliter la retraite des hommes d'infanterie jetés de l'autre côté du fossé, et qui, à un signal convenu, devaient feindre de fuir en désordre. Il cacha, dans un bois qui flanquait sa droite, un corps considérable de cavalerie, ne montra que peu de troupes et d'artillerie derrière le fossé; puis, sur le soir, donna l'ordre aux tirailleurs qui étaient en avant d'escarmoucher, afin d'attirer les masses ennemies, sur lesquelles l'artillerie ouvrit un feu très-vif pour les engager à la charge; voyant cependant que, malgré leur nombre, elles ne se mettaient en mouvement qu'avec beaucoup de précautions, il fit tout-à-coup retirer ses pièces, ainsi que son infanterie, et eut l'air de se replier avec confusion comme dans une déroute; les Turcs, en voyant ce mouvement, crurent que Nadir-Schah voulait profiter de la nuit qui s'approchait pour leur échapper, chargèrent avec toute leur cavalerie, et se précipitèrent dans le fossé, où ils s'abîmèrent au nombre de quinze mille hommes. Le corps qui était dans le bois sortit alors brusquement sur les flancs et les derrières de l'armée, et tailla en pièces la majeure partie de son infanterie, qui perdit en cette occasion plus de vingt mille hommes, tant tués que prisonniers.

J'ai déjà dit que les troupes irrégulières faisaient la guerre sans plan; en effet, elles se portent toujours au-devant de l'ennemi sans songer aux obstacles qu'elles peuvent rencontrer. Elles attaquent sans s'inquiéter des suites, et quand elles sont battues, elles sont presque toujours détruites, parce qu'elles n'ont jamais prévu la retraite ni préparé les moyens de l'assurer. Cette manière de combattre a éprouvé néanmoins des améliorations sous Abas-Mirza. Ce prince, n'ayant fait la guerre depuis quelque temps qu'avec des troupes régulières, s'est pénétré du système européen, et il entend déjà assez la tactique pour ne plus commettre des fautes aussi grossières; aussi obtiendra-t-il des avantages quand il n'aura affaire qu'à des Turcs ou à d'autres troupes asiatiques.

CHAPITRE XXXIV.

DES TROUPES RÉGULIÈRES, DE LEUR ORGANISATION ET DE LEUR NOMBRE.

L'ARMÉE régulière de Perse est composée d'infanterie, de cavalerie et d'artillerie. On a vu, dans un des chapitres précédens, comment la première de ces armes avait commencé à s'organiser. Comme je ne parlerai que des troupes formées en dernier lieu ; c'est-à-dire depuis cinq ans, je crois devoir rappeler les circonstances qui ont amené cet empire à mettre ses troupes sur le pied européen, et les efforts faits depuis, par la politique de l'Angleterre, pour arrêter, tout en ayant l'air de la favoriser, cette révolution du système militaire qui doit porter à la longue un si terrible coup à sa puissance dans l'Inde. J'essaierai de donner une idée de l'ardeur avec laquelle le prince royal encourage cette révolution, les obstacles qu'il a déjà surmontés, et ce qui reste à faire pour la consolider.

Le gouvernement anglais, en affectant de regarder comme chimérique l'intention qu'il supposait à la France de l'attaquer dans l'Inde, n'était cependant pas sans inquiétude. Il sentait trop bien que cette entreprise aurait pu le ruiner à jamais et le forcer à une paix honteuse. Il mit donc tous ses soins à prévenir un événement devenu d'autant plus probable, que les Persans prirent tout-à-coup, sous la direction des officiers français qui accompagnaient le général Gardanne, une attitude militaire qui surprit tous leurs voisins, et qui les eût rendus formidables si l'ambassadeur n'avait joint à son incapacité naturelle l'insouciance et l'ignorance les plus complètes des usages du pays.

L'Angleterre n'eut donc d'autres ressources à cette époque que de contre-balancer l'influence française en Perse. La Compagnie des Indes y envoya le général Malcolm avec une suite nombreuse et brillante. A son arrivée, il commença par semer l'or à pleines mains. Il donnait vingt tomans pour une simple commission et cinquante pour un bain. Il faisait des cadeaux magnifiques aux ministres, aux grands de la cour et aux personnes qui venaient lui offrir leurs bons offices près

u souverain. Le roi, connu pour aimer l'ar-
ent, et qu'on voulait éblouir avec ce métal,
e vit pas avec indifférence arriver chez lui
es gens qui employaient de tels argumens.

ne tarda donc pas à prêter l'oreille aux
ropositions qu'on lui fit en secret d'écon-
uire les Français. Il était cependant fort
mbarrassé ; d'un côté il redoutait les Turcs,
r le cabinet desquels il savait que la Fran-
e exerçait une influence marquée , et de
autre la Russie l'inquiétait encore davan-
ge. C'est ainsi que, partagé entre la France
t l'Angleterre , il ne savait comment se con-
uire pour se maintenir en bonne intelli-
ence avec la dernière et attraper l'argent
e la seconde. Voyant enfin qu'il n'y avait pas
e milieu et qu'il fallait se fixer , il céda aux
ombreux et magnifiques présens de l'ambas-
adeur anglais et à la promesse d'un subside,
ot si doux depuis long-temps aux plus su-
erbes oreilles. Il promit donc tout ce qu'on
oulut avec d'autant plus de sécurité, qu'il ne
'attendait pas que la connaissance de cet en-
agement produirait un éclat aussi indécent
ue celui qui eut lieu. Le général Gardanne,
nstruit de toutes les particularités de cette
spèce de convention, se sachant soutenu de

tous les grands du royaume qui détestaient les Anglais, et qui ne le lui avaient pas caché; ce général, dis-je, s'il eût eu le moindre tact d'un ambassadeur, aurait pu tirer un grand avantage de l'effet que produisit cette publication sur l'esprit de la noblesse et des troupes, pour décider le roi à revenir sur sa décision, d'autant mieux qu'il n'en était pas fort éloigné, et qu'il semblait que cette affaire n'était ni noble, ni peut-être d'une saine politique. Mais Gardanne, au lieu de faire les démarches convenables et de tourner adroitement cette circonstance à son avantage, pour acquérir plus d'influence que jamais dans le pays, en se servant, comme il l'aurait dû, du nom de son maître, assez puissant alors pour être redouté, débuta par un éclat scandaleux, criant à tue-tête qu'il voulait partir à l'heure même. Cette mesure peu mesurée indisposa beaucoup de personnes contre lui. Malgré cette maladresse, tout n'était cependant pas perdu; le roi était intimidé, et il se serait probablement dédit, si le général Gardanne avait eu le bon esprit de se calmer et de redevenir ambassadeur après avoir fait le grenadier; mais il ne voulut rien entendre, quelles que fussent les représentations de tous les officiers attachés à l'ambassade, dans le nombre desquels se trouvaient des hommes d'un grand mérite, et il partit comme il l'avait annoncé. En vain le roi lui envoya les personnes les plus distinguées de sa cour, avec ordre de se jeter à ses pieds pour l'engager à revenir, et de lui promettre sur son honneur pleine satisfaction en tout point. Il persista dans son malheureux entêtement, et retourna en France, où il trouva le sort qu'il n'avait que trop mérité. Les Anglais, se voyant alors sans concurrens, ne se constituèrent plus en frais et restèrent assez long-temps tranquilles, se bornant à donner de temps à autre quelques présens d'argent au roi pour conserver ses bonnes grâces. Le général Malcolm fut rappelé, et sir Harford Jones le remplaça avec le titre d'ambassadeur du roi et de la Compagnie. Ce fut sous lui qu'on commença l'organisation de quelques corps, pour la formation desquels il fournit de l'argent; mais en s'opposant par toutes sortes de voies à ce qu'on organisât de la cavalerie régulière. Le cabinet de Londres ayant enfin décidé que le plénipotentiaire qui serait en Perse agirait seulement au nom du roi, on remplaça sir Harford Jones par sir

G. O. Celui-ci conclut un traité d'alliance avec le roi, d'après lequel l'Angleterre s'engagea à payer un subside de deux cent mille livres sterlings, pour lever et entretenir un corps de douze mille hommes d'infanterie et vingt-cinq pièces d'artillerie à cheval, pour défendre la Perse contre les Russes ou toute autre puissance qui tenterait de pénétrer dans ses états. Cette artillerie devait être envoyée de l'Inde, et la Compagnie promit aussi des officiers, sous-officiers et soldats de toutes armes, pour organiser, exercer et commander ces troupes. Ce dernier point n'a cependant pas eu son entière exécution, comme on le verra par la suite.

Le roi ayant abandonné la totalité de ce subside au prince royal, celui-ci l'employa à compléter les corps déjà organisés, et en augmenta par la suite tellement le nombre, qu'il finit par causer de l'ombrage à l'ambassadeur, qui ne vit pas de bon œil que, contre les intentions bien connues de son gouvernement, et notifiées par son prédécesseur, on eût formé de la cavalerie régulière, que les Anglais redoutent singulièrement en Asie. Ils savent quelle est l'audace des Orientaux dans cette arme, la perfection dont elle est sus-

‑eptible chez eux , et le nombre immense
d'hommes qu'ils pourraient employer à une
invasion dans leurs possessions de l'Inde, sans
jamais recevoir ni livrer de bataille, et seule‑
ment en ruinant les uns après les autres leurs
petits établissemens (1). Ce serait sans doute
un moyen efficace de relever le courage des
nombreux mécontens par l'appât du pillage ,
et surtout en affranchissant les Cipayes du
joug auquel les Anglais les ont assujettis par
une discipline mille fois plus sévère qu'en
Europe , et qui fait le désespoir de ce peuple
doux, mais superstitieux. Quelque intéres‑
sant que soit ce sujet, il m'écarterait trop de
mon but, qui n'est autre que de faire con‑
naître l'origine de l'armée régulière existante ;

---

(1) Les forces des Anglais en Asie sont loin d'être
aussi formidables qu'ils voudraient le faire croire en
Europe. Si on en excepte douze à quinze mille Euro‑
péens répartis dans les trois présidences de Calcutta ,
Madras et Bombay, le reste de leurs troupes se com‑
pose de Cipayes , qui sont loin d'être redoutables. En
effet, les Anglais nous l'ont fait connaître eux‑mêmes,
en nous annonçant qu'avec quelques centaines d'hom‑
mes, ils avaient mis en déroute des armées nombreuses
de ces indigènes.

je reviens donc aux différens corps qui la composent, et ne passerai sur aucun des détails nécessaires pour en donner l'entière connaissance.

L'infanterie régulière consiste en vingt-deux régimens nationaux, et un de Russes qui fait partie de la garde du prince royal, formant en tout cinquante bataillons. Quelques anciens régimens en ont trois, d'autres deux et même un seul : le régiment russe est dans ce dernier cas, quoiqu'il en ait eu deux pour un moment.

Les noms de ces régimens sont :

Le 1er   de Tébris. . . . . 3 bataillons.
Le 2e   d'Ourouméa . . . 3
Le 3e   de Khoï. 3
Le 4e   de Maragua . . . 3
Le 5e   d'Erivan 3
Le 6e   de Marend. . . . 2
Le 7e   d'Ahar. 2
Le 8e   de Nackchiavan . 2
Le 9e   d'Ardebil 2
Le 10e   de Chaguaguis. . 2
Le 11e   de Kaugaloux . . 2
Le 12e   de Schasséyan . . 2

Les dix régimens de nouvelle formation, ayant chacun deux bataillons, sont désignés par le titre de schay-serbasi (infanterie du roi).

Le régiment russe d'un bataillon était composé de déserteurs de cette nation, et comandé par des officiers russes nommés par le prince royal. Il n'existe plus aujourd'hui : cerné par le corps du général Kotlérowski, il fut écharpé en partie ; le reste fut rendu à la paix de 1813.

La cavalerie régulière, appelée nisamathly, est composée de vingt escadrons, dont quatre armés de lances et un de carabines. Chacun de ces escadrons devait former le noyau d'un régiment si la paix n'eut pas été conclue.

L'artillerie est divisée en trois départemens. Le chapitre suivant est réservé pour cette arme.

L'infanterie est distinguée en deux classes, savoir, l'ancienne et la nouvelle, ou celle dite à la française, et celle à l'anglaise.

On comprend dans l'ancienne tous les corps qui, formés les premiers, ont conservé, nonobstant de fréquens licenciemens, les mêmes cadres et les mêmes noms. Tels sont les régimens de Tébris, d'Ourouméa, de Khoï, de Maragua, de Nackchiavan, de Marend, d'Erivan, d'Ahar et d'Ardebil.

Les nouveaux sont ceux de Chaguaguis,

de Kaugaloux, de Schassévan, et les dix régimens d'infanterie du roi. Les anciens, ou
dits à la française, composés des neuf premiers
désignés, sont ainsi nommés parce qu'ils ont
été organisés par des officiers français qui les
exerçaient suivant leur ordonnance et avec les
commandemens de leur langue. Ce mode, aussi
maladroit qu'impolitique, a été changé d'après
mes représentations au prince royal, et toutes
les troupes ne sont plus aujourd'hui comman-
dées qu'en langue turque, au grand mécontentement des Anglais, qui avaient aussi in-
troduit les commandemens de leur langue
parmi celles qu'ils ont organisées.

L'infanterie anglaise est celle qui a été formée et disciplinée par les officiers de la Compagnie des Indes, qui la commandaient en anglais.

Tous les régimens organisés sur le pied anglais ont reçu jusqu'à la paix la même solde
que les troupes anglaises ; mais comme, depuis
ce temps, le subside sur lequel on la leur faisait a été supprimé, elles ne sont plus payées
que comme les autres, c'est-à-dire, à raison de
quinze tomans par an, dont trois sont retenus
pour l'habillement et la chaussure.

L'uniforme consiste en un habit-veste croisé

Soldat régulier formation française

de drap vert, collet et paremens rouges, boutons jaunes, pantalons larges de toile de coton
blanche, et brodequins.

L'hiver, on donne de plus à chaque homme
une espèce de manteau court, d'étoffe de laine
très-épaisse, et dont le dehors est recouvert
de longs poils semblables à ceux d'une chèvre;
les Persans les nomment yaponchis, les Géorgiens et les Circassiens, qui en font aussi un
grand usage, lui ont donné le nom de bourka.

Toute la buffleterie est blanche, et la majeure partie des fusils sont anglais, venus de
l'Inde en paiement du subside, ainsi que les
draps et beaucoup d'autres articles dont j'ai
déjà parlé.

La cavalerie régulière est totalement organisée à la française, et peut sans contredit
rivaliser en tout et pour tout avec la première
du monde. Les hommes qui la composent ont
été choisis parmi les plus braves de la Perse;
ils sont tous montés sur des chevaux arabes et
turcomans, qui sont bien les meilleurs connus
pour la guerre; ils ont conservé leurs selles,
sur lesquelles ils sont beaucoup mieux que
sur toute autre; on en a seulement changé
les étriers orientaux pour y substituer ceux
dits à la housarde; on leur a également donné

des éperons qu'ils ne connaissaient pas et qui les ont souvent impatientés, parce que n'ayant d'autre manière de s'asseoir que sur les talons, et oubliant qu'ils étaient bottés, ils se fichaient les molettes dans les cuisses. Quand ce petit accident leur arrivait, ils se relevaient lestement en maudissant de bon cœur cette invention diabolique, aussi nuisible, disaient-ils, aux hommes qu'aux chevaux.

Chaque cavalier est armé d'une lance terminée par une petite flamme cramoisi, d'un sabre, et d'un pistolet attaché, par un anneau qui termine la crosse, à une banderole de porte-carabine, qui, par sa longueur, permet de faire feu sans l'en détacher (1).

Les lances ont été faites sur le modèle de celles d'Europe, si ce n'est que le bois étant plus léger et plus long, elles sont plus maniables. Une partie des sabres sont de fabrique anglaise, et ont été donnés en présent au prince royal par le général Malcolm.

L'uniforme des lanciers est l'habit-veste de

---

(1) Il y a long-temps que j'ai proposé d'armer ainsi les houlans, auxquels deux pistolets dans les fontes sont inutiles, et ne servent qu'à embarrasser le cavalier et charger le cheval.

Lithog de l.ª Motte.

drap bleu céleste, collet et paremens cramoisi, buffleterie blanche; ils portent, ainsi que toutes les troupes régulières de Perse, le bonnet national qu'il n'a pas été possible de leur faire changer.

Les officiers de la Compagnie des Indes firent, conjointement avec l'ambassadeur, tout ce qu'ils purent pour déterminer Abas-Mirza à leur donner le commandement de toutes les troupes dont j'ai parlé, et à permettre qu'elles fussent instruites et mises sur le pied anglais; mais le prince, alors assez bien conseillé, rejeta leur demande pour d'bonnes raisons. Ces régimens, appartenant à différentes provinces, étaient t   s commandés par des grands qui, pour   "   monde, n'auraient pas servi sous les ordres des Anglais. Le prince ne pouvait décemment les leur ôter pour les donner à des étrangers qui n'avaient pas pour eux l'opinion publique. Ces officiers, loin de chercher à gagner les esprits par la douceur, se faisaient détester par le ton d'arrogance qu'ils prenaient avec les grands du pays comme avec les Indiens.

Ils se plaignirent alors au roi, pour qu'il interposât son autorité, dans cette affaire si importante pour eux; mais le prince royal y mit de la fermeté, et préféra leur donner des hommes pour former de nouveaux corps, que de leur abandonner les anciens. Il leur désigna en conséquence les tribus des Chaguaguis, des Kaugaloux et des Schassévans, qui furent converties en trois régimens ; et nonobstant les efforts des organisateurs pour réunir les autres corps d'infanterie sous leurs ordres, tout fut inutile : ils n'eurent jamais que ces trois jusqu'à l'époque où le roi fit son voyage en Azerbidjan. Alors seulement il ordonna une nouvelle levée pour former vingt nouveaux bataillons, qu'il leur donna à organiser, et dont les commandemens furent aussitôt répartis entre les officiers arrivés depuis peu de l'Inde.

Ce fut encore à la même époque que les régimens reçurent pour la première fois des drapeaux et des étendards semblables aux nôtres ; ils avaient auparavant de grandes flammes en forme de comète, faites de toile peinte très-grossière, surmontées de la main d'Aly, ou d'énormes piques comme en ont encore les Turcs. Le prince royal, qui saisit avec empressement les occasions d'introduire les coutumes militaires européennes, en fit la distribution avec beaucoup de pompe. Ils furent d'abord bénis par le chef suprême des prêtres, en présence de toute l'armée qu'on avait assemblée exprès. Celui-ci fit un discours plein d'énergie, concernant les devoirs de chaque soldat envers son prince, leur rappelant l'obligation où ils sont de périr plutôt que d'abandonner les enseignes qui allaient leur être confiées, et qui, semblables à l'étendard du prophète, accumuleraient des malheurs sans nombre sur leur tête et celle de leur famille, s'ils les laissaient jamais tomber entre les mains des infidèles.

Son altesse royale se rendit ensuite elle-même devant le front de chaque régiment; et après les avoir brièvement harangués sur les événemens passés, elle leur déclara qu'avec un peu de persévérance ils finiraient par obtenir des succès non interrompus. Elle recommanda fortement la discipline, la subordination, et donna à chaque corps le drapeau qui lui était destiné; lorsque toutes ces allocutions furent terminées, le prince se plaça au centre de l'armée, entouré de sa cour et d'un nombreux état-major, et fit défiler toutes les troupes devant lui.

Les drapeaux et étendards persans portent les armoiries du pays, qui sont un lion couché

devant un soleil levant, avec cette légende :
Sultan Eb en é Sultan Fatey-Aly-Schah-
Kadjard, ce qui signifie : Sultan, fils de
sultan Fatey-Aly, roi issu de la tribu des Kadjards. Ils sont, comme les nôtres, ornés de cra-
vates de taffetas blanc avec des franges en or.
Les drapeaux sont rouges, surmontés d'une
main d'argent, celle d'Aly ; les étendards
bleus, surmontés de lances dorées, aussi aiguës que celles des houlans.

Le roi, étant arrivé dans la plaine d'Oudjan, désira que toutes les troupes régulières
y fussent rassemblées, et il se donna le spectacle, bien nouveau pour lui, des évolutions
à l'européenne. Elles lui plaisaient au point
qu'il passait la majeure partie des journées sur
la terrasse d'une tour du palais d'où il voyait
distinctement toutes les manœuvres. Il se les
faisait expliquer par le prince royal, et chaque nouvelle formation lui arrachait une accla-
mation de surprise qu'il accompagnait de fréquens barik-alla! (à merveille). Mais quand vint
le tour de la cavalerie et de l'artillerie légère,
il monta à cheval pour les voir de plus près. Il
prenait un tel goût à leurs manœuvres, qu'un
jour qu'il ordonnait de remonter à cheval, je
me permis de lui représenter combien je souf-

Drapeau et étendard persans

frais de la poitrine pour m'être égosillé pendant six grands jours d'exercice. Il aurait fini par ruiner tous les chevaux; car rien ne lui plaisait autant que les charges et les changemens de front exécutés au galop. Il faisait ordinairement durer ces violens exercices depuis huit heures du matin jusqu'à trois ou quatre heures après midi, sans donner un instant de repos; hommes et chevaux étaient sur les dents. Il fut si satisfait de tout ce qu'il avait vu, qu'il donna aussitôt l'ordre de former de suite douze autres régimens de lanciers semblables. Son intention était de les attacher au corps de réserve qu'il voulait rassembler à Téhéran. Cette mesure aurait eu lieu sans la paix qui suspendit l'exécution des projets que ce prince avait arrêtés pour mettre sa capitale à l'abri du danger qu'elle avait couru l'hiver précédent. Il est certain qu'elle ne fut sauvée que parce que le corps russe, l'élite de l'armée de Géorgie, commandé par le général Kotlérowski, passa, après les blessures de cet officier, sous le commandement du lieutenant-général R....., qui, ne connaissant pas le pays, se laissa probablement induire en erreur. Au lieu de marcher sur Ardébil, dont il n'était plus qu'à quelques lieues, pour recueillir les fruits de la pénible victoire que son prédécesseur avait achetée si cher à Lankaran, il retourna prendre ses quartiers d'hiver dans Talichy, et permit ainsi au prince de rallier les débris de son armée. La majeure partie des troupes s'était déjà sauvée jusqu'à Ourouméa, quarante lieues de l'autre côté de Tébris; un seul homme n'aurait pas échappé aux Russes, si les vainqueurs n'eussent été arrêtés par le bataillon de la garde du prince, composé de transfuges de cette nation. Ils se battirent en désespérés, et, n'ignorant pas le traitement qui les attendait, ils aimèrent mieux se faire tuer jusqu'au dernier que de se rendre.

Malgré la discipline que l'on a introduite en Perse, la religion et plus encore les usages se sont opposés à ce qu'on établît dans l'armée un code pénal qui pût contenir les hommes dans le devoir par la crainte des châtimens, Quels que soient les délits des soldats, on ne peut les punir qu'avec des coups de bâton sur la plante des pieds; car le prince seul a le droit de prononcer une sentence de mort en réparation de crime. Il m'avait investi de ce droit à l'époque où j'organisai la cavalerie; mais quoique les occasions de prononcer des peines capitales ne me manquassent pas, je crus qu'il était prudent de renoncer à ce moyen de répression, parce que je me serais suscité, comme chrétien, des ennemis de tous les grands, et surtout des prêtres qui n'auraient pas supporté patiemment que, contre les préceptes du Koran, un infidèle disposât de la vie d'un vrai croyant.

Cependant, si j'avais des raisons particulières pour que les coupables ne fussent pas punis de mon autorité privée, j'en avais d'aussi puissantes pour que les punitions, ainsi que les récompenses, n'émanassent que du prince royal; et je fis en conséquence abolir la coutume qui mettait les troupes en garnison sous les ordres immédiats des beglierbeys. Je représentai à son altesse royale l'inconvénient de laisser prendre à ces gouverneurs la moindre influence sur elles, certain que d'après leurs dispositions factieuses et leur peu de respect pour l'autorité souveraine, ils se serviraient de leur pouvoir pour les corrompre et pour relâcher cette discipline qui faisait leur désespoir; que de la perte de la discipline s'ensuivrait l'oubli complet du système militaire européen, aussi favorable à l'autorité royale que contraire aux intérêts des beglierbeys, dont il comprimait l'insolence; que ce système ne s'était établi que malgré eux et en dépit de tout ce qu'ils avaient fait et dit pour s'y opposer. Je donnai donc à son altesse royale le conseil de nommer des commandans militaires dans chaque province, de les charger de la police et de l'inspection générale de toutes les troupes qui y seraient, même en garnison, et auxquels tous les chefs de corps adresseraient les rapports de service et de discipline, et les gouverneurs les réquisitions, quand ils auraient besoin de la force armée pour le maintien du bon ordre, pour protéger la rentrée des contributions, enfin pour tous les cas où elle leur serait nécessaire. Non seulement son altesse royale apprécia mes raisons, mais elle voulut bien encore me nommer inspecteur-général de sa cavalerie, et commandant militaire de la province d'Ourouméa ; c'était le district et la ville, après Tébris et Erivan, où se trouvait la plus forte garnison, et j'eus souvent les occasions d'humilier l'orgueil du béglierbey. Celui-ci, au mépris des ordres positifs du prince, voulait continuer à exercer sur les troupes une autorité arbitraire, telle que de faire arrêter et conduire chez lui des militaires pour y recevoir la bastonnade. Le fils aîné de ce gouverneur tenait un jour divan à la place de son père, et comme lui, il détestait tous ceux qui faisaient partie de la cavalerie régulière, d'autant plus que j'avais été autorisé à prendre tous les cavaliers qui étaient sous ses ordres, pour les incorporer dans mon corps. Il se permit de faire arrêter deux officiers du premier régiment de lanciers, et d'infliger à l'un d'eux trois cents coups de bâton sur la plante des pieds. Tous ses camarades, justement indignés, se rendirent chez moi pour me demander justice d'un attentat aussi prononcé contre la volonté du prince, qui les avait affranchis des caprices de ces insoléns personnages, et surtout de la punition corporelle, déjà fâcheuse pour un soldat, mais encore davantage pour un officier. Je leur promis qu'elle serait prompte. En vertu de la loi du Talion, si connue dans le pays, je donnai ordre de cerner le palais du gouverneur et de saisir cet imprudent jeune homme, auquel on infligea la même peine qu'il avait fait subir à l'officier plaignant. J'envoyai de suite un courrier au prince pour l'informer de ce qui était arrivé, en lui demandant, au nom de tous les militaires sous mes ordres, qu'outre la réparation qui avait été aussi publique que l'offense envers l'officier outragé, qil m'autorisât à imposer au fils du bey une amende de cent tomans, à titre de dommages. Son altesse royale approuva sans hésiter ma conduite, et m'accorda ce que je lui avais demandé. Je fis donc exécuter ponctuellement ses ordres, et cet exemple me délivra par la suite de toutes les contestations de ce genre.

Le prince récompense les militaires comme en Europe, avec des grades, des décorations et de l'argent. C'est lui qui a engagé le roi son père à établir plusieurs classes de l'ordre du Lion et du Soleil; les diverses classes sont d'abord la médaille d'argent pour les sous-officiers et soldats, qui est accompagnée d'une gratification de deux roupies par mois (cinq francs); celle d'or, pour les officiers subalternes, qui en rapporte dix; la petite décoration qui rapporte le double de la dernière; et enfin le grand cordon qui est purement honorifique, mais que le roi n'a encore accordé à aucun militaire persan, autre que son ambassadeur à la cour de Russie.

Ce souverain, par considération pour le dernier ambassadeur anglais, qui ne voulait pas recevoir l'ordre du Soleil, dont il avait décoré les officiers français, lui conféra celui du Soleil et du Lion, il lui envoya la plaque du grand ordre, et en même temps la petite décoration à quelques officiers anglais qui servaient alors en Perse. L'ambassadeur, qui croyait sans doute que cet ordre avait été créé pour lui, s'avisa de trouver mauvais que le prince royal m'en eût décoré, et dit, à cette occasion, que puisqu'on me l'avait donné, il ne porterait plus son cordon. Je lui fis assurer à mon tour, que sans m'affliger de sa résolution, cela ne m'empêcherait pas de porter le mien. Sa majesté décora de son ordre, à la paix les officiers russes qui avaient été employés aux négociations; il envoya le grand cordon, avec une plaque de la valeur de soixante mille roubles, à leur général, qui l'avait certes bien méritée en lui faisant si bon marché de la paix. Le ruban des décorations a été changé plusieurs fois; les Français avaient d'abord adopté la couleur ponceau par analogie avec celui de la Légion-d'Honneur; il fut ensuite orange, et enfin le roi s'est fixé pour le vert, comme étant la couleur favorite du prophète.

CHAPITRE XXXV.

DE L'ARTILLERIE ANCIENNE ET MODERNE, COMMENT ELLE EST SERVIE; DES ARSENAUX ET DES TRANSPORTS MILITAIRES.

On ne sait pas au juste à quelle époque l'artillerie fut introduite en Perse; mais d'après tous les renseignemens que j'ai pu me procurer, il paraît que c'est long-temps après que les Turcs l'eurent adoptée. Elle fut long-temps, comme chez eux, dans un état d'imperfection qui ne la rendait pas redoutable. Elle était peu maniable à cause de son poids, et si mal servie qu'on ne l'employait jamais, ou au moins que fort rarement, dans les actions. Je ne la considère donc comme réellement adoptée que sous le règne de Nadir-Schah. Aussitôt qu'il eut des officiers français de cette arme à sa disposition, il fit fondre des pièces des divers calibres de bataille, alors en usage en Europe, et, comme il eut toujours pour principe d'en avoir une fort nombreuse dans ses armées, ce ne fut pas une des moindres causes de ses succès. Il existe encore quelques pièces qui furent fondues sous son règne; mais comme on ne peut les comparer à celles dont on se sert aujourd'hui, on les a placées dans les villes qui, par la construction de leurs murailles, sont susceptibles de les utiliser : telles sont les places d'Erivan, d'Abas-Abad, de Tébris, Téhéran, Ispahan, Bender-Buchire, etc., etc.

Depuis la mort de ce conquérant l'état militaire tomba en décadence, et l'on ne fit plus usage que de petites pièces portées à dos de chameaux, qui servaient en même temps d'affûts, puisqu'on ne déchargeait pas ces pauvres animaux pour tirer les pièces. Cette ridicule et insignifiante artillerie est appelée zambereks, et depuis l'organisation de l'armée régulière, elle ne sert plus guère qu'à devancer le prince et le roi, pour faire de temps à autre quelques salves quand ils sont en route; la manière dont elle est montée mérite d'être décrite.

Chaque pièce est juchée sur un chandelier de fer, fortement attaché lui-même à la courbe de bois qui forme la partie postérieure du bât d'un chameau; cette pièce de bois est trèsmassive et ferrée de manière à pouvoir résister au recul de la pièce quand elle fait feu. La culasse peut se lever et se baisser à volonté par le moyen d'une semelle à charnière attachée au chandelier, et qui aboutit à des crans pratiqués en dessous de la culasse de la pièce et permet de tirer à telle hauteur qu'on veut. En campagne comme en route, ces zombareks sont renversés la bouche en bas; alors les artilleurs montent leurs chameaux et se portent très-rapidement où le besoin exige leur présence. Ils chargent en courant, chaque chameau portant une vingtaine de coups, dans deux sacs de cuir, en forme de besace, qui sont attachés au bât. Le conducteur est armé d'un bâton de trois pieds de longueur, qui lui sert à trois fins : d'abord de fouet pour châtier l'animal, puis de refouloir, et enfin de porte-mèche. Les chameaux des zombareks sont de ceux dits de course; ils vont fort vite, et peuvent lasser dix chevaux dans une journée, sans ralentir leur allure. Ils sont en grand nombre, et une batterie est souvent composée d'une centaine de ces animaux, marchant tous de front quand le terrain le permet; s'il faut faire feu en retraite, on les arrête tous assez bien alignés, autrement les

Zombarek. Artillerie irrégulière légère

Lith. de C. Motte

animaux exécutent un demi-tour quand on marche en avant. Aussitôt arrivés, ils s'agenouillent, alors les conducteurs pointent les pièces, font feu, et restent dans la même place tant que les circonstances ne les obligent pas d'en changer.

Si les zombarecks sont poursuivis par la cavalerie, ils font feu en courant, et on les prend rarement, même avec les chevaux les plus vites, pour peu qu'ils aient d'avance.

L'artillerie régulière, dont on a, à l'instar de toute l'armée, entièrement réorganisé le personnel et le matériel, est aujourd'hui fort belle, et peut sans contredit rivaliser, pour les manœuvres et les évolutions de détail, avec beaucoup d'autres que je connais en Europe. Elle ne se compose que d'artillerie à cheval. Le prince royal, pour des raisons assez plausibles, n'a pas voulu d'artillerie à pied. Cette arme a subi comme les autres différens changemens. La première organisation fut faite par les officiers attachés à l'ambassade du général Gardanne; mais elle était si pitoyable, que j'en fus honteux moi-même, et que les Anglais la tournèrent avec raison en dérision. Il était impossible de voir rien de plus ridicule et de plus mauvais que le matériel fondu par ces messieurs. A la vérité, ils n'avaient pas d'ouvriers en état de donner le fini; mais ce n'était pas une raison pour manquer les proportions, et l'alliage des métaux. Ils mirent dans toutes les parties de ce travail une négligence inexplicable, et cependant on leur avait confié la direction des travaux des pièces et des affûts. Les pièces ne purent jamais servir par plusieurs raisons : d'abord elles étaient d'un calibre beaucoup trop petit, ne dépassant pas les pièces dont se servent les Portugais dans les montagnes, ce qui était ridicule en Perse, dont la majeure partie n'offre que des plaines et quelques montagnes très-praticables (1); en second lieu, les affûts étaient si imparfaits et si mal taillés, qu'on pouvait à peine croire qu'ils eussent été faits sous les yeux d'officiers d'artillerie français. Ensuite ces messieurs les avaient montés, pour je ne sais quelle raison, sur des roues à moyeux très-saillans et dont l'essieu ne s'élevait qu'à dix pouces de terre. En tout point, cette artil-

----

(1) J'entends la partie de la Perse où était le théâtre de la guerre.

lerie était hors de service. D'un autre côté, les métaux qui entraient dans la composition des pièces étaient si mal combinés, qu'il est très-probable qu'au lieu de onze livres d'étain par quintal de cuivre, prescrites par l'ordonnance, on en avait mis plus de trente; aussi une de ces pièces fut-elle hors de service après seize coups tirés à boulets ensabotés.

Le personnel n'était pas moins défectueux : les canonniers ne connaissaient pas le service des pièces. Écouvillonner et pointer fort mal, c'était là toute leur science; ils ne possédaient aucune de ces routines qui rendent un canonnier si précieux en campagne. Les officiers anglais ne manquaient aucune occasion de faire remarquer ces imperfections, je proposai au prince d'instruire une partie des nouveaux artilleurs, qui étaient encore plus ignorans dans les détails du service que ceux formés par les Français. Il y consentit, et ordonna également que toutes les pièces d'un alliage trop tendre fussent brisées. Cette destruction eut une utilité réelle : il en résulta pour les fontes ultérieures un supplément de bronze qu'on n'aurait pu se procurer qu'avec des peines infinies dans l'Azerbidjan, où, quelque temps après, pour couler six pièces de six, on fut obligé de mettre en réquisition les cruches de cuivre, les chaudrons, les bassins, etc., des habitans de Tébris.

C'est donc à cette l'époque seulement qu'on peut assigner la renaissance de l'artillerie, et qu'elle fut mise sur un pied respectable; mais comme il était impossible de pouvoir couler en peu de temps un nombre de pièces proportionné à celui des troupes déjà existantes, on en tira cinquante de l'Inde, dont quarante du calibre de six, et dix de celui de douze; chaque pièce avait des harnais complets pour un attelage de six ou huit chevaux. On s'occupa alors de l'instruction des canonniers, et l'on aurait réussi à les réformer si les instructeurs n'avaient eu des ordres secrets de n'obtenir que des demi-succès. On habilla ces canonniers, et on les disciplina à la manière anglaise. On leur apprit à marcher et à faire à pied des exercices de sabre, avec l'appareil théâtral des gens de Franconi et d'Astley. Les choses restèrent sur ce pied jusqu'à ce que j'organisai la cavalerie régulière, et qu'une partie de l'artillerie à cheval fut mise par le prince sous mes ordres; alors j'instruisis cette arme d'une manière beaucoup plus conforme à sa destination.

Peu après vinrent les affaires d'Oslanduz et de Lankaran. A la première, le prince avait confié le commandement d'une batterie au sieur Lindzai, officier anglais attaché à la Compagnie des Indes. J'ai déjà fait connaître les malheureux résultats de cette action dans laquelle cet officier abandonna treize pièces aux Russes, après avoir fait la sottise de les enfourner dans un petit fort des environs, au lieu de s'en servir pour protéger une retraite qui dégénéra, faute d'artillerie, en véritable déroute.

La perte des treize bouches à feu qui formaient alors la presque totalité de l'artillerie du prince royal, le mit dans une situation critique. Il ne lui restait plus que plusieurs pièces de douze, dont la majeure partie était enfermée à Lankaran, où elles finirent par être prises. Voici quelles étaient alors les ressources de l'arsenal, suivant le rapport qui m'en fut adressé par le garde-magasin d'artillerie : j'ai cru devoir conserver cette pièce comme un document curieux de l'état militaire du pays à cette époque.

Une pièce de neuf, avec cent cinquante coups à boulet et cinquante à mitraille, prise sur les Russes à l'affaire de Soltamboz, en mars 1812.

Gargousses du calibre de six avec boulets ensabotés. 800

Gargousses avec boîtes à mitraille. 150

Boulets creux chargés à balles . . 300

Dito, vides 55

Etoupilles. 3,000

Lances à feu. 25

Porte-feux. 12

Pierres à fusil. 10,000

On voit, d'après cet énoncé qui mérite toute confiance, que si l'armée russe eût marché et poursuivi ses succès, la Perse aux abois ne pouvait rien espérer de plus heureux que de payer les frais d'une guerre de vingt ans, et de céder la totalité de ses possessions sur la rive gauche de l'Araxe. Mais comme, après la prise de Lankaraü, on laissa le prince tranquille, il prit aussitôt des mesures pour renouveler son matériel. Il réunit d'abord trois pièces de douze qui étaient sur le chemin d'Ardebil, quatre de six qui, par un accident particulier, étaient restées en arrière quelques jours auparavant cette malheureuse affaire, et enfin la pièce de neuf qui se trouvait à l'arsenal. Il me dépêcha ensuite à son père, à Téhéran, pour lui porter la nouvelle de cet échec, avec le plus de ménagement possible, et tâcher d'en tirer les fonds indispensables et quelques pièces de la réserve que le roi gardait près de lui. A mon arrivée, je le trouvai déjà prévenu par quelques rapports vagues et indirects ; mais il n'avait aucuns renseignemens positifs. Il était dévoré d'inquiétudes, et me reçut de suite. Il m'accabla de questions ; comme je le connaissais très-craintif, et que je savais que le moyen d'en obtenir quelque secours était de l'effrayer, loin de lui dissimuler le mauvais état des affaires, je le prévins que s'il n'y portait le plus prompt remède, il courrait le rixe de recevoir la visite des Russes. Ce danger n'était pas imaginaire, mais il le crut plus imminent. Il n'en fallut pas davantage pour le stimuler, et sur-le-champ il donna l'ordre d'envoyer de suite en Azerbidjan tout ce que je croirais nécessaire. Je demandai en conséquence les vingt-cinq pièces de la réserve ; mais les ministres, qui sont toujours là pour mettre au rabais, ne m'en voulurent donner que dix-huit, et au lieu de cent mille tomans que j'avais exigés, il ne m'en fut accordé que quatre-vingt mille. Aussitôt les ordres expédiés, je retournai en toute hâte auprès du prince, laissant un officier pour conduire le convoi, certain combien le succès de ma mission causerait de plaisir au prince royal. Loin d'espérer la moindre chose du roi son père, il ne s'attendait qu'à des reproches de sa part, aussi voulut-il à peine me croire quand je lui annonçai l'intéressant renfort que j'avais obtenu et qui arriva quelques jours après. En attendant, on s'appliqua à réunir les canonniers. Ils avaient été en grande partie sabrés ; mais peu avaient été pris. On fit des harnais neufs, on acheta des chevaux, en un mot, on parvint au bout de deux mois à rétablir une artillerie plus belle et plus nombreuse que la première. Il y avait encore une demi-batterie de quatre pièces de six à Erivan ; mais le prince ne voulut pas en priver ce point essentiel exposé aux attaques journalières des Russes, qui venaient dans cette partie pour chercher des bestiaux et surtout du sel, dont on manque en Géorgie. Le roi, qui depuis quelques mois avait sollicité du gouvernement de l'Inde des armes et une vingtaine de pièces de canon, les reçut sur ces entrefaites, ainsi que douze mille fusils, ce qui remit tout-à-coup l'armée en bon état. Ce fut à cette époque que, voulant organiser ce corps de trente mille hommes dont j'ai déjà parlé, le roi demanda un officier et plusieurs sous-officiers d'artillerie anglais, pour former le personnel de cette arme. On y travailla avec une activité étonnante; et comme les hommes et l'argent ne manquaient pas, ce corps fut, au bout de trois mois, complétement organisé; les canonniers connaissaient parfaitement leur métier, sauf la manœuvre du canon. Il n'en était pas de même de la compagnie que le prince royal m'avait confiée, moins brillante dans les exercices de parade, elle avait acquis une mobilité surprenante. Cette extrême activité ne fut pas d'abord du goût des artilleurs; mais je dois leur rendre la justice de dire qu'ils s'exercèrent avec une ardeur incroyable, quand ils eurent reconnu combien il serait honteux que les Turcs, qui ont fait de grands progrès dans cette arme, pussent se flatter d'y surpasser les Persans, qui les avaient toujours battus. En effet, les Turcs ont une fort bonne artillerie à cheval, quoique de beaucoup inférieure à celle des Persans.

D'un autre côté, le prince royal, voulant se mettre en mesure de ne plus retomber dans les mêmes extrémités, donna des ordres pour la fonte de plusieurs pièces de six et de quelques obusiers, dont un de huit pouces. Les modèles furent prêts en très-peu de temps, et les coulées réussirent parfaitement ; on acheva une machine à forer horizontale, entreprise par les officiers français, et en fort peu de temps les pièces purent être mises en batterie. Cette grande activité fut principalement due à un machiniste anglais que le prince royal avait attiré de Bombay. Moyennant un fort traitement, cet homme s'engagea à rester six ans à Tébris comme chef d'atelier ; et à instruire cinquante ouvriers chaque année. On lui fit faire les affûts neufs et raccommoder les vieux ; et quoiqu'il n'en eût jamais construit de sa vie, il s'acquitta à merveille de ces travaux.

Les choses en étaient sur ce pied quand le roi vint en Azerbidjan, accompagné d'une bonne partie de ses troupes et de son artillerie ; mais la tournure des négociations qui commencèrent aussitôt l'engagea à contremander la formation de la réserve. C'était une maladresse, puisqu'il n'y avait rien d'assuré sur les conditions de la paix, et qu'on méprisait l'axiome *si vis pacem para bellum*. Il fit aussi passer son escadron et ses pièces d'artillerie aux ordres du prince royal, qui par·là eut en sa possession :

Pièces de douze 3
Pièces de neuf. 1
—— de six 36
—— dito, à Erivan 4
—— de quatre 4
Obusiers de six et de huit pouces . . . 3
—— de quatre pouces. . 10

Total des bouches à feu. . . 66

L'armée n'était pas aussi bien pourvue en projectiles : nonobstant les envois reçus de l'Inde, ceux qui étaient en magasin auraient tout au plus suffi pour une demi-campagne. Mais si la guerre eût continué, le prince était très-décidé à établir des forges aux environs d'Ahar, où se trouvent les excellentes mines dont j'ai déjà parlé dans un des chapitres précédens.

Chaque pièce de douze était attelée de six chevaux turcomans aussi grands que vigoureux ; celles d'un moindre calibre et les obusiers étaient traînées par quatre seulement. S'il manque quelque chose de cette artillerie, c'est le train pour le transport des

munitions qui se fait encore à dos de chameaux. C'est un point sur lequel on n'a pu
obtenir aucune amélioration, malgré les inconvéniens nombreux qui en résultent, tant
par les dangers auxquels cette méthode expose journellement, que par les retards qu'elle
occasionne dans le service. Les munitions ris-
quent presque toujours d'être prises à cause des
difficultés et du temps qu'elles demandent
pour être chargées.

Chaque pièce n'a qu'un coffret sur son
avant-train, contenant de trente à cinquante
coups, et quand cette provision est consom-
mée on est obligé d'attendre les munitions.
Les chameaux vont lentement et en portent
peu; ils sont chargés de deux caisses, qui
renferment chacune ou cinquante coups de
six ou trente de douze. Ces animaux marchent
par caravane de cinquante à la fois, portant
les mêmes calibres; et comme on est obligé de
les décharger tous les soirs, on pose alors les
caisses les unes sur les autres, on les couvre
ensuite avec une énorme couverture de cuir
pour les garantir du soleil et de la pluie. Ces
dépôts ambulans sont désignés par les Persans
sous le nom de gourkoua (magasin à poudre).

En cas d'alerte, et si l'on est obligé de mon-

Topchi, canonnier régulier de nouvelle formation.

ter à cheval pendant la nuit, on est presque toujours contraint d'abandonner ses munitions, faute de pouvoir retrouver les chameaux qui sont à la pâture : mais quand bien même ils seraient réunis, on n'a jamais le temps de les charger, par la raison que quatre ou cinq hommes soignent les cinquante qui forment le convoi.

Le personnel de l'artillerie fut également mis sur un pied respectable; et comme on voulut compléter son organisation, on forma de la totalité des canonniers trois escadrons; l'état-major de l'arme et deux escadrons furent fixés à Tébris, une compagnie à Erivan et une autre à Ouroumća. Leur uniforme se compose d'un dolima bleu de Prusse avec collets et paremens rouges, tresses jaunes, larges pantalons blancs, buffleterie blanche; ils portent le bonnet national, ainsi que les autres troupes.

Il n'y a dans toute la Perse que l'arsenal de Tébris qui ait des ateliers. Lorsque le roi conçut le dessein de créer un corps de réserve, son projet était d'en établir un second à Téhéran, avec des fonderies de canon et des manufactures d'armes. Quoique cet arsenal de Tébris soit insuffisant, c'était bien pis à mon arrivée dans le pays; et l'on peut juger des ressources que cet établissement pouvait procurer dans le tableau de ce qu'il renfermait à l'époque des malheureuses affaires dont j'ai déjà parlé. Cependant, depuis l'arrivée du machiniste auquel le prince en a donné la direction, il a pris un tout autre aspect; outre les fonderies, on y trouve à présent une corderie, plusieurs machines très-utiles, et des ateliers de charons, de forgerons, de sellerie et de peinture. Il y avait un ancien local, nommé le Jaber-Cona, où l'on confectionnait tout ce qui était nécessaire aux troupes irrégulières; le prince l'a transformé en manufactures d'armes, de tambours, de trompettes, de buffleterie, de gibernes; il y a réuni les ateliers de cordonniers, de tailleurs, de bonnetiers, en un mot de tout ce qui concerne l'habillement, l'armement et l'équipement des troupes. Ces établissemens sont sous la police supérieure du topchi-bachi (grand-maître de l'artillerie), honnête homme, brave militaire, et passionné pour les usages européens, auxquels il se conforme de son mieux.

Le prince a encore fait construire depuis peu un moulin à poudre à une lieue et demie de Tébris, d'après le plan de ceux élevés à

Constantinople par un officier du génie français. Cette opération est d'autant plus avantageuse, que faute de bien combiner les matières, on n'obtenait que de la très-mauvaise poudre en petite quantité, avec des moulins à bras, dont l'usage n'était pas sans danger: celle qu'on fabrique à présent est au moins aussi bonne que la nôtre.

Il manque à la Perse cependant trois articles essentiels pour faire la guerre sans le secours de ses voisins. 1° Les projectiles : le manque de fonderies force le gouvernement à les acheter de la Compagnie des Indes, à moins de les avoir en cuivre. 2° Le chanvre pour faire des mèches et de bonnes cordes : on confectionne ces articles en coton, substance qui ne vaut rien pour cet usage. 3° Enfin, les pierres à fusil : on les achète fort cher des Arméniens et des Russes qui trafiquent le long des frontières. C'est négligence pure, car bien que le prince prétendît qu'on n'en trouvât pas en Perse, j'en découvris une carrière d'une fort bonne espèce dans les environs du Kourdistan. J'en fis même tailler quelques-unes qui, quoique loin d'avoir la perfection de celles d'Europe, n'étaient pas moins d'un bon service. Si l'on voulait profiter de cette découverte, on épargnerait des sommes considérables. On manqua de pierres à feu pendant la dernière campagne, et celles que procurèrent quelques Tartares et Cosaques cantonnés le long de l'Araxe revinrent, calcul fait, à un panabad chacune, c'est-à-dire à-peu-près à dix sols de France.

Le salpêtre est encore un article qui manque assez souvent en Perse, faute de nitrières. On le tire de l'Inde; les frais de transport le rendent coûteux; souvent on le reçoit avarié, et par conséquent peu propre à donner de la bonne poudre.

La pyrotechnie était totalement inconnue des Persans avant l'arrivée des officiers français, qui leur donnèrent le spectacle d'un feu d'artifice pour la première fois. C'est le plus beau qu'on puisse leur offrir, et ils n'aiment rien tant que de voir brûler quelques fusées, pétards, chandelles romaines, ou pots à feux, seules choses de ce genre dont ils eussent l'idée. Les Anglais leur ont montré depuis à perfectionner les fusées qu'ils nomment raquettes. Ils s'en servent maintenant avec beaucoup de succès pour les signaux. Ils en ont fait en dernier lieu qui contenaient plus de dix livres de poudre, et s'élevaient à une

telle hauteur qu'on pouvait en apercevoir crever le bouquet à dix lieues de distance en terrein plat, ou quand il n'était pas masqué par les ondulations du terrein.

CHAPITRE XXXVI.

DES MARCHES ET DES CAMPEMENS.

Les troupes irrégulières marchent confusément, parce qu'aucun chef ne les contient dans la route; aussi n'est-il pas rare que, quand l'armée doit se rendre dans un lieu un peu éloigné, ce n'est que quinze jours ou un mois après la tête d'une colonne qu'on en voit arriver la queue. On ne peut faire aucun reproche aux traîneurs, et les chefs sont contens quand leur troupe ne refuse pas de les suivre. Ce mal va toujours croissant, et il serait difficile d'y trouver remède.

On a eu beaucoup de peine pour amener les troupes régulières à marcher uniformément, surtout en été; mais elles s'y sont à la la fin accoutumées, et elles ne voyagent plus aujourd'hui qu'en colonne serrée en toute saison et quelle que soit la route qu'elles aient à parcourir. Cette méthode est d'autant plus aisée dans ce pays, que les chemins, tracés dans des plaines immenses, présentent rarement des obstacles qui forcent à marcher par le flanc.

Pendant l'été, les troupes ne voyagent que de nuit pour éviter les grandes chaleurs, et comme d'ordinaire les stations sont petites, elles arrivent presque toujours avant le point du jour aux camps où elles doivent passer la journée. Au reste, quand le cas exige qu'elles se portent avec diligence sur un point, elles marchent d'une manière étonnante, pour peu qu'on ait l'adresse d'exciter leur zèle ; alors elles font jusqu'à quinze pharsanges dans un jour, ce qui répond à vingt lieues de France.

Les marches d'hiver sont plus pénibles dans les montagnes de l'Azerbidjan, qui sont très-froides. Les hommes, qui sont fort mal vêtus et mal chaussés pour cette saison, emploient tous les moyens pour s'esquiver. Ils se cachent dans les villages pendant toute une campagne, sans qu'on puisse parvenir à les retrouver.

Quand les armées régulières et irrégulières marchent ensemble, elles présentent un tableau singulier : la plupart des soldats irréguliers sont portés par des ânes, des mulets, des chameaux ; ajoutez à cela un train considérable de bagages marchant à travers champs, sans ordre, et commettant des dégâts incalculables, dont les habitans n'osent pas se plaindre, et vous aurez une idée des désordres qu'entraîne une marche d'armée en Perse. J'ai dit que les habitans ne se plaignaient pas du ravage qui suit le passage des troupes, mais c'est de peur d'encourir la vengeance des maîtres des pillards qui souvent partagent avec eux les fruits de leur maraude.

Quand ces troupes doivent stationner dans quelques villes ou villages, chacun se loge comme il peut; mais presque jamais chez l'habitant, préférant coucher dehors sur le seuil d'une porte que d'importuner quelqu'un pour demander le couvert. Il en est de même en route; les Persans souffriraient plutôt toutes les injures du temps que de déployer leurs tentes ou leurs tapis une seule fois avant d'arriver à leur destination.

Les Persans de toutes les conditions ont hérité de leurs ancêtres le goût de la vie nomade, et ne laisseraient pas écouler l'année sans passer quelques mois sous la tente. Aussi, dans la saison des grandes chaleurs et de la fenaison, tous les individus, à commencer par le roi, désertent les villes pour se rendre dans la plaine désignée pour l'assiette du camp de plaisance. Tout homme qui se pique de bon ton n'ose plus alors se montrer dans la ville; et en temps de guerre, comme en temps de paix, le souverain, les princes, la cour, l'armée et une grande partie de la population, vont habiter sous la toile. Les camps ne font qu'augmenter tant que durent les grandes chaleurs; ce n'est qu'à l'approche de l'automne que les grands commencent à regagner leurs habitations. Le camp qu'on établit tous les ans à Sultanié se compose quelquefois de plus de cent cinquante mille âmes, et pour le moins d'autant de chevaux qui vivent néanmoins pendant plus de trois mois de l'herbe seule que produit cette immense plaine.

Les camps de paix ou de guerre des Persans présentent à-peu-près le même aspect qu'avant qu'on eût adopté le système européen; mais on a mis depuis un peu d'ordre dans la manière de placer les tentes; et l'on a suivi autant que possible nos principes à cet égard. Comme il arrive rarement que les troupes régulières soient seules dans un camp, cela forme presque toujours l'assemblage le plus bizarre du monde par le contraste de l'ordre qui règne chez les uns avec la confusion qu'on trouve chez les autres. Convaincus qu'on ne pourrait changer une manière de vivre consacrée par un long usage, on a cherché à pallier du moins cet inconvénient en plaçant les troupes régulières à une extrémité du camp, et les irrégulières à l'autre.

On doit donc considérer les camps sous deux rapports, ceux de guerre et ceux de paix. Dans les camps de guerre, où l'on est presque toujours commandé par les circonstances, et où d'ailleurs la crainte de l'ennemi empêche les curieux de se porter en avant, rien n'empêche de placer le camp où l'on veut, et de se débarrasser des importuns. Ceux-ci vont s'établir derrière les lignes qui leur paraissent des remparts difficiles à franchir. Du reste, rien au monde ne ressemble à la réunion de ces troupes en présence de l'ennemi, ni à l'aveuglement de la confiance qu'elles montrent dans leur valeur ; je ne puis concevoir comment elles n'ont pas été détruites mille fois pour une lorsqu'elles ont eu affaire aux Russes.

Quel que soit leur nombre, elles placent en arrivant leurs tentes où bon leur semble, déploient leurs bagages et desellent leurs chevaux. Chacun se couche alors par terre et s'endort sans qu'on ait placé une seule garde, un seul factionnaire, ou tout au moins envoyé des patrouilles en avant. Si l'ennemi attaque pendant la nuit, comme il n'y a ni front de bandière, ni places d'armes, ni points de ralliement, fantassins et cavaliers abandonnent leur camp, et augmentent la confusion par des cris et des hurlemens qui apprennent à l'ennemi la route qu'ils tiennent.

Les camps de plaisance ressemblent assez aux camps de guerre, mais on y trouve un peu moins de désordre.

Le roi part tous les ans au mois de mai pour aller camper avec toute sa cour, et quoique toutes places lui soient bonnes, il a cependant une prédilection marquée pour la plaine de Sultanié, qui produit d'excellens fourrages et d'où la vue est magnifique. Près de la place où il fait chaque année dresser ses tentes, il a fait bâtir un joli pavillon avec deux corps-de-logis pour les femmes; ces bâtimens sont à une portée de canon de la ville, sur un petit tertre, assez élevé cependant pour dominer toute la plaine et la ville même, qui est dans un fond. Il passe quelquefois des journées et même des nuits entières dans ce pavillon, mais il retourne bientôt à ses tentes, qui ont plus de logement et présentent plus de commodités que plusieurs de ses palais. On peut juger de leur étendue par la quantité de chameaux nécessaires à leur transport; quatre cents suffisent à peine pour sa tente, celle des femmes et leurs enceintes, qui à la vérité sont fort considérables. Les corps extérieurs sont à peu près comme ceux de nos marquises, en toile de coton d'une blancheur éblouissante, relevés çà et là par des festons de satin de couleur tranchante qui font un fort bon effet; l'intérieur est doublé en velours bleu ou cramoisi brodé en or et relevé en bosse; les tentes ont cent pieds de long sur trente de large, et sont supportées par six colonnes de bois doré de vingt pieds de haut. On y trouve un grand salon et quantité de petites chambres, toutes destinées à des usages différens; celles des femmes ont beaucoup de cabinets qui servent de chambres à coucher.

L'enceinte qui renferme ces tentes est en drap rouge, fixé à des piquets que l'on dresse et maintient avec des cordes tendues en dehors et en dedans. Le roi et les princes ont seuls le droit d'en avoir. Elles est haute de huit pieds, et dérobe aux regards des curieux ce qui se passe dans l'intérieur. Cette enceinte forme un carré long, dont les côtés sont parallèles à ceux des tentes. Le roi a deux enceintes pareilles, l'une entoure le divan et l'autre le harem; un mur soigneusement fermé les sépare, et la dernière contient en outre quantité de petites tentes destinées aux esclaves, aux eunuques, aux bains, aux cuisines, etc. Les faces latérales de chaque enceinte ont trois cents pas de longueur, et les autres à peu près cent. J'ai déjà dit que l'extérieur était gardé par quatre mille hommes, et l'intérieur par les eunuques de service qui veillent toute la nuit autour des tentes du harem.

Le camp du roi ressemble assez à des tentes jetées çà et là, sans ordre et sans régularité.

Le prince Abas-Mirza établit ordinairement son camp de plaisance à Dada-Begloo, village situé à quelques lieues de Ahar, dans une vaste plaine arrosée par un ruisseau d'eau excellente.

Sa tente est toujours placée dans la grande rue qui sépare les troupes régulières des irrégulières; elle est, à la grandeur près, comme celle du roi. Elle est unique, attendu qu'il n'emmène jamais de femme avec lui au camp;

elle est fermée par une enceinte, et une compagnie de sa garde fournit des factionnaires en avant de chaque face.

Les troupes régulières forment deux lignes, la cavalerie à droite, l'artillerie au centre et l'infanterie à la gauche : chaque tente de soldats contient vingt hommes, elle est dressée sur deux bâtons sans traverses, contenus par deux grandes cordes, l'une à l'avant, l'autre à l'arrière. Les tentes des officiers subalternes et supérieurs, le colonel excepté, sont de même dimension : elles sont placées à peu près de la même manière que nous avons coutume de le faire en Europe. Les chevaux sont en arrière, attachés sur deux lignes, de la manière que j'ai déjà décrite dans le chapitre qui traite de ces animaux.

Le camp des troupes irrégulières est à la gauche, et présente le plus bisarre assemblage d'hommes, de tentes, de chevaux, de mulets, de chameaux, etc. Les officiers y sont confondus avec les soldats, qui logent presque toujours avec eux sans cérémonie sous les mêmes tentes. Ces camps ne cessent d'offrir des ressources étonnantes, car ils sont à peine établis qu'on y voit aussitôt un bazar pourvu de tout ce qu'on pourrait désirer à la ville.

On y trouve des vivres de toute espèce et des artisans de tous les métiers, tels que bonnetiers, tailleurs, cordonniers, armuriers, selliers et force maréchaux; ces marchés sont ce qu'il y a de plus régulier dans les camps persans. Les rues en sont larges et droites, les marchands et artisans se placent tous sur une même ligne; chacun a sa tente, mais il expose ses marchandises en dehors et par terre; on ne peut se faire une idée de la foule qui se rassemble dans ces lieux, et sauf les heures où le soleil darde ses rayons, il est impossible de s'y retourner.

Les ministres, les employés du divan, en un mot tous les grands qui accompagnent le prince au camp, placent leurs tentes derrière la sienne; elles sont aussi fort grandes et très-commodes. Pour se mettre à l'abri de l'humidité et pour être moins exposé aux reptiles, on relève le terrain à six ou huit pouces de terre, ce qui forme des espèces de terrasses sur lesquelles on étend des paillassons qu'on recouvre ensuite de tapis et de ketchis. Devant chaque tente on creuse des bassins qu'on remplit par le moyen de saignées qu'on pratique aux ruisseaux voisins; mais si les grandes chaleurs les ont trop réduits ou qu'ils soient totalement à sec, on est forcé, pour fournir aux besoins journaliers, de tirer l'eau de fort loin par les sacas, qui sont toujours en fort grand nombre dans les armées orientales. Le prince et tous les grands ont les leurs en particulier, et c'est précisément au moment que les Persans sont privés d'eau qu'ils s'avisent de prendre des bains deux ou trois fois la semaine. Chaque sacas a un yabou chargé de deux énormes sacs de cuir faits en forme d'outre, et dont les extrémités se terminent en boyaux pour verser l'eau qu'ils contiennent; ces outres sont terminées par des crochets en fer qui s'attachent à des anneaux fixés au bât pour relever les bouts et empêcher que l'eau ne se répande : à côté de ces anneaux sont des ouvertures fort larges qui se ferment avec une sorte de bavette à boutons.

Les camps persans ont aussi des bains publics pareils à ceux que j'ai décrits, avec la seule différence qu'on les prend sous des tentes d'une façon toute particulière. Elles sont d'étoffe de laine foulée, fermées de manière que l'air ni le moindre vent ne puisse affaiblir la vapeur de l'eau chaude qui constitue le principal mérite des bains. Elles sont divisées en deux compartimens; dans l'un sont les

litho de L. Motte

chaudières, sous lesquelles on creuse des espèces de fourneaux, et dans l'autre les baigneurs; mais comme ils ne pourraient faire
sur la terre la même cérémonie que sur le
marbre des bains de ville, on couche dans
toute l'étendue de la tente des poutrelles de
six à huit pouces d'équarrissage, par-dessous
lesquelles on pratique des rigoles qui abou-
tissent à des puits perdus pour l'écoulement
des eaux. Ces poutrelles sont couvertes avec
des planches percées çà et là comme un crible,
sur lesquelles on étend des paillassons de ro-
seaux qu'on échauffe avec de l'eau bouillante.
Ces bains sont fort chers, car il faut quelquefois aller chercher le bois à plus de vingt
lieues à dos de chameaux, ce qui en fait monter le prix à trois réaux (sept livres dix sols.)

Il se passe peu d'années où il n'arrive dans
les camps des accidens produits par les scorpions, car il n'est pas de pays où il y en ait
une aussi grande quantité, aussi gros et plus
venimeux. Dans certains cantons on en trouve
presque sous chaque pierre un peu grosse des
pelouses où l'on campe pour éviter les bas
fonds, où l'on gagnerait en été des fièvres
intermittentes et des diarrhées. C'est surtout
pour éviter la visite de ces insectes qu'on

élève le sol des tentes ; mais comme souvent cela ne suffit pas, les personnes riches font construire des takta-poutche ou espèces de cabanes carrées, en planches élevées sur quatre poutrelles à plus de vingt pieds du sol. On y monte avec des échelles. Outre qu'on y jouit toujours d'un air plus pur que dans les tentes, souvent fort malsaines à cause des malpropretés qu'on laisse séjourner près d'elles, on n'y est pas non plus autant incommodé par les mouches et les moustiques, qui sont un vrai supplice pour les malheureux qui n'ont pas le moyen de se défendre contre la voracité de ces insectes malfaisans. On n'en trouve nulle part d'aussi affamés que dans les plaines de la Perse, et particulièrement dans les environs de la mer Caspienne.

Quand un scorpion arrive dans une tente, celui qui l'aperçoit fait son possible pour le saisir et le poursuivre à outrance ; mais s'il n'y parvient pas, il claque aussitôt dans ses mains, et à ce signal, que tout le monde répète, chacun se lève et regarde attentivement du côté d'où est venu le bruit, et y eût-il cent mille hommes dans le camp, en moins de deux minutes tous sont instruits qu'il a paru un scorpion dans telle direction ; la peur qu'ils ont

de ces animaux les empêche souvent de dormir : aussi, quand les scorpions sont communs,
les claquemens de mains ne cessent pas pendant les trois ou quatre premières nuits ; ils
diminuent ensuite sensiblement, jusqu'à ce
qu'ayant levé et visité toutes les pierres qui
environnent les tentes, on est certain de s'être
débarrassé de ces dangereux hôtes.

CHAPITRE XXXVII.

DE LA MÉDECINE, DE LA CHIRURGIE ET DES FUNÉRAILLES.

Ce qu'on appelle médecine en Perse n'est qu'une jonglerie grossière exercée avec une rare impudence. Cependant ceux qui s'y adonnent jouissent, surtout parmi le peuple, d'un respect qui approche de l'adoration. L'orgueil de ces charlatans le dispute à leur ignorance, et leur unique talent consiste à se faire passer pour sorciers.

La religion musulmane apporte un obstacle insurmontable à l'amélioration de la médecine; le Koran considère les cadavres comme des objets impurs, et les Mahométans en ont une telle horreur qu'ils ne les touchent jamais. On ne peut donc acquérir aucune connaissance en anatomie; et la médecine, science si conjecturale par elle-même, n'est plus qu'un empirisme dangereux.

On ne connaît également pas les remèdes

les plus communs, point de pharmacie ni de
pharmaciens. Quand les médecins sont appelés auprès d'un malade, ils commencent
par consulter des espèces de grimoires en faisant plusieurs contorsions, et prononcent
quelques paroles mystérieuses qu'ils recom-
mandent aux malades de répéter le plus qu'il
leur sera possible. Ils font ensuite appliquer
sur les parties du corps malades des chiens ou
des chats écorchés, des vipères, des crapauds
ou toute autre bête pareille, afin de détruire,
disent-ils, le charme de la maladie. Ils emploient rarement la saignée; s'ils croient en
avoir besoin, ils tendent sans cérémonie le
bras du malade au premier barbier venu qu'ils
rencontrent dans la rue. Celui-ci opère avec
une lancette longue comme un poignard, en
faisant la ligature avec une corde, s'il n'a pas
autre chose sous la main; et ce qui paraîtra
singulier, c'est qu'il n'estropie jamais personne. Les médecins connaissent à peine les
lavemens, les sangsues, les vésicatoires, les
cautères; ils n'ont aucune idée des applica-
tions extérieures, qui sont quelquefois d'un
effet si puissant.

La chirurgie est plus arriérée encore que
la médecine, s'il est possible. Dans la majeure

partie de la Perse, elle est exercée par des juifs aussi ignorans que superstitieux et misérables. Leur science se borne à appliquer sur quelques plaies que ce soient des espèces d'onguens rances, dont les recettes, transmises de père en fils, font tout le fond de leur talent et de leur fortune. La même drogue doit guérir l'ulcère et le coup de feu; et les malheureux qui sortent de leurs mains doivent rendre grace à la nature bien plus qu'aux remèdes de ces cricotomistes, qui pourraient cependant être un peu plus experts dans ce genre d'opérations, d'après la pratique étendue que leur fournissent les têtes du pays. J'ai été dans le cas de juger de l'efficacité des onguens de ces misérables. Blessé dangereusement et éloigné de toute espèce de secours, je fus obligé d'avoir recours à eux, et c'est un miracle que je m'en sois tiré. J'avais perdu beaucoup de sang et j'étais trop faible d'abord pour connaître ce qu'ils faisaient. Le premier résultat de leurs opérations, fut une gangrène bien prononcée, qui céda heureusement au bout de deux jours à des fomentations de vinaigre; enfin, après trois mois de souffrance, mon bourreau de juif s'attribua l'honneur d'une cure où la nature et mes soins avaient tout fait, car si j'avais continué l'application de son prétendu baume, composé de graisses puantes, j'aurais fini par être gangrené des pieds à la tête avant un mois. Ces gens-là ne connaissent pas la réduction des fractures, et si quelqu'un a le malheur d'en avoir une, on le laisse sur le dos, à la grâce de Dieu, sans tendre le membre brisé qui finit à la vérité par se ressouder, mais de travers, et en restant beaucoup plus court que l'autre.

Un membre cassé d'un coup de feu est presque toujours un cas mortel. Ces ignorans praticiens abandonnent ceux qui sont blessés de cette manière, et prétendent que cet accident est sans remède.

A la suite de l'affaire d'Oslanduz, une cinquantaine de malheureux soldats étaient dans ce cas, ainsi qu'un colonel nommé Jaffar-Kouly-Khan, fils d'un des plus grands seigneurs de la Perse. Ils furent soignés par le docteur Cornik, chirurgien anglais de beaucoup de mérite; et comme pas un seul d'eux ne resta estropié, les chirurgiens persans en conçurent une telle rage, qu'ils publièrent partout qu'il avait formé un pacte avec le diable. Cela n'empêcha pas les malades et les blessés de recourir à lui; sa réputation perça même jusqu'au fond du harem du prince, où il était appelé chaque fois qu'il y avait quelques maladies réelles ou de commande, telles que migraines, vapeurs, attaques de nerfs, etc.

Comme il est rare, surtout en Perse, de sortir des mains des médecins, sinon pour descendre sur les sombres bords, j'ai cru devoir placer ici l'article des funérailles, dont les cérémonies ne sont pas les choses les moins curieuses de ce pays.

Quand un homme meurt, tous les membres de la familles, ainsi que les domestiques, poussent des hurlemens terribles; ils se roulent par terre, déchirent leurs vêtemens, parcourent la ville la figure couverte de boue, pour faire connaître leur désespoir. Les femmes, dans le harem, en font autant; et comme elles ne pourraïent pas crier aussi fort ni aussi long-temps que l'usage le veut, elles invitent des amies ou des voisines à venir les aider dans ces cérémonies; enfin elles louent des femmes dont le métier est de pleurer et d'aller tous les jeudis soir répéter avec les veuves la même cérémonie sur le tombeau du défunt.

Quand les cris sont un peu appaisés, on

s'occupe de la purification du cadavre. Il y a des gens qui en font profession et dont personne n'ose approcher, parce qu'ils touchent les cadavres réputés impurs par la religion. Ces hommes se nomment mourdé-chouis; et quoiqu'ils soient d'une utilité indispensable, on les accueille quelquefois dans les villes à coups de pierres. Tant que dure la purification, un molhaa récite les versets du Koran qui concernent les morts. Les hommes chargés de la purification, procèdent lentement et sous l'inspection des plus proches parens qui doivent en être témoins. Ceux-ci gardent un profond recueillement pendant la cérémonie qui a lieu en plein champ ou dans les jardins, et non dans les appartemens. On commence par laver le corps trois ou quatre fois avec de l'eau chaude, on le parfume et on lui rase la tête, ensuite on jette dessus beaucoup d'eau froide; telles sont les premières ablutions funèbres.

Les esclaves revêtissent alors le cadavre comme pour un jour de cérémonie, et le couchent ensuite sur une estrade couverte d'un magnifique tapis. Les pleurs et les cris des femmes ne doivent pas diminuer, autrement elles seraient accusées de n'avoir jamais eu d'attachement pour le défunt. Après vingt-quatre heures d'exposition, tous les membres de la famille et les personnes de connaissance sont invités à l'enterrement. Les femmes se rassemblent dans le harem, où elles recommencent à pleurer de manière à être distinctement entendues des voisins; les hommes se réunissent dans le divan, dont les croisées sont ouvertes. Quelques-uns des parens amènent le cheval favori du défunt, très-bien harnaché, et à la selle duquel sont suspendus ses armes, son bouclier et son Koran. Le molhaa fait un sermon touchant sur les qualités du décédé, les vertus qui l'ont distingué pendant sa vie; il se résume en faisant envisager aux auditeurs la mort comme le terme à tout mal, et le bonheur suprême pour ceux qui, par leur conduite, ont mérité les baisers des célestes houris, toujours jeunes et toujours vierges. Ce discours, souvent interrompu par les sanglots des auditeurs, est terminé par les assurances que donne le molhaa, que leur parent et ami jouit déjà des récompenses dues à ses vertus, et que loin de le plaindre, on doit plutôt envier son sort. Chacun porte alors la main droite sur la poitrine et répond par les mots *Inch-Allhá* (plut à Dieu)!

Cérémonie des funérailles persanes

Les femmes arrivent voilées et recommencent leurs cris; chacune fait l'éloge du défunt et rappelle quelques traits de sa bienfaisance; elles restent ainsi jusqu'au soir, et tant que dure la journée un homme frappe toutes les cinq minutes sur un tamtam suspendu à la porte d'entrée; ce bruit porte à l'âme un sentiment de tristesse involontaire et qu'on ne saurait vaincre. Un peu avant l'enterrement, les femmes prennent les devants, et, toujours pleurant, se rendent au cimetière. Elles s'agenouillent en cercle, et attendent ainsi le cortége, qui arrive bientôt après. Le cadavre, posé sur un brancard et porté par les esclaves, ouvre la marche; la famille et les amis viennent après dans le plus morne silence. Le corps arrivé près de la fosse, on le dépouille, chacun lui fait alors ses derniers adieux, le couvre de nombreuses ablutions et lui souhaite un bon voyage. Ensuite on l'enveloppe d'un linceul et on le dépose dans un cercueil carré qu'on descend dans la fosse, couché sur le côté gauche et la face tournée du côté de la Mecque, et non point debout comme beaucoup de personnes l'ont assuré. Le corps étant couvert de terre, on met sur la tombe une épitaphe que les femmes ornent de fleurs. Ces monumens funéraires sont beaucoup plus simples en Perse qu'en Turquie, où l'on se plaît à décorer magnifiquement les tombeaux. Presque tous ceux qu'on voit dans le vaste cimetière de Scutari sont en marbre ou en albâtre, et chargés d'ornemens dorés d'assez bon goût. Des cyprès les ombragent, ce qui achève de donner à ce lieu un aspect aussi mélancolique qu'imposant et majestueux.

Les Turcs posent sur leurs fosses des pièces de marbre qui les couvrent dans toute leur longueur; ils en dressent d'autres à la tête, surmontées d'un turban semblable à celui que portait le défunt: d'autres pièces de forme oblongue indiquent son nom et son âge; on y ajoute quelques versets du Koran analogues aux qualités qui l'a particulièrement distingué.

Les cimetières en Perse sont d'un style plus simple : à l'exception de quelques grands qui font construire sur leurs tombes de petits dômes supportés par quatre colonnes, les autres se contentent de placer du côté de la tête des blocs d'albâtre de deux à trois pieds de hauteur, sur lesquels on inscrit les mêmes choses que chez les Turcs.

On voit encore quelques traits d'une coutume bizarre, mais qui commence à tomber en désuétude et n'est plus suivie que par des têtes exaltées : pour mieux prouver l'attachement qu'on portait au défunt, on abandonne la maison qu'il habitait, et on la laisse tomber en ruine. Ceux qui se piquent d'obéir à cet usage doivent être riches et uniques héritiers, car des cohéritiers seraient rarement d'humeur à partager cette fantaisie, d'autant plus que ce sacrifice superflu n'a d'autre résultat que de faire rire aux dépens de celui qui en fait parade.

Enfin un autre usage non moins extraordinaire, mais plus dangereux, c'est de rester un, deux et même trois mois sans se raser la tête ni la barbe; de ne changer ni de linge ni de vêtement, de se priver de bains, de ne se nourrir que de mets grossiers, et de ne boire que de l'eau.

Les femmes se traitent encore avec plus de rigueur, dans l'espoir d'être citées comme des modèles d'amour et de fidélité; elles se privent de bains, laissent leur chevelure dans le plus grand désordre, et se fustigent matin et soir avec des martinets qui leur déchirent la peau. Cette cruelle opération se fait en présence de leurs bonnes amies, afin que toute

la ville en soit instruite. Plus elles se mal-
traitent, plus elles obtiennent de considération auprès des hommes; mais les femmes,
bien moins charitables et qui se connaissent
mieux qu'eux en fait d'attachement, poussent
la médisance au point de traiter ces mortifi-
cations de grimaces, et prétendent que c'est
un manége pour attirer plus tôt de nouveaux
époux.

CHAPITRE XXXVIII.

DES CURDES.

Presque tous les Curdes sont aujourd'hui tributaires de la Perse, et je pense qu'à l'exemple des Turcomans, ils finiront un jour par en faire partie intégrante, d'autant qu'ils y semblent assez portés par inclination. Je dirai donc quelques mots de leur caractère, de leurs habitudes, ainsi que de leur manière de vivre, qui ne diffèrent pas moins de ceux des Persans que de ceux des Turcs.

L'origine de ces peuples se perd dans la nuit des temps. On a dit qu'ils descendaient des Scythes; mais comme ni eux ni leurs voisins ne peuvent fournir les moindres lumières à cet égard, leur véritable origine nous est tout aussi inconnue que celle des anciens Perses, que nous ne connaissons peut-être que depuis le règne de Cyrus.

Il est cependant certain que les Curdes n'ont pas toujours occupé, entre le Tigre et l'Euphrate, le beau territoire qui formait jadis la délicieuse Mésopotamie, ni les montagnes du Taurus, dont les vallées fertiles forment aujourd'hui toutes leurs richesses. Ayant vécu quelque temps parmi eux, j'ai eu les moyens de les connaître et de les apprécier; et j'ai cru voir à leurs coutumes, à leurs usages, à leur langage, à leur vêtement même, qu'ils étaient d'origine arabe. Il existe encore une analogie et des rapports si frappans entre eux et les Bédouins, que je serais tenté de croire qu'ils descendent de quelques hordes de ces derniers, qui passèrent l'Euphrate à l'époque des guerres de religion, quand la Perse fut conquise par les Arabes, et se fixèrent dans l'Irack-Arabi. De là ils s'étendirent au nord, le long du mont Zagros, jusqu'à la rivière du Mourab, qui les sépare aujourd'hui de l'Arménie turque.

Les Curdes sont divisés en plusieurs tribus gouvernées par des beys qui ont un pouvoir absolu. La majeure partie d'entre elles se sont mises sous la protection de la Perse, qui reçoit d'elles un tribut et les compte au nombre de ses sujets. Ces peuples sont de haute taille, robustes, et ont de fort beaux traits, quoique avec le teint cuivré. A la plus profonde ignorance ils joignent une barbarie naturelle, dont les effets sont souvent terribles. Ils sont encore plus menteurs que les Turcs, et c'est beaucoup dire : mais ce vice, loin de leur paraître condamnable, est à leurs yeux un talent et une preuve d'esprit. Plus farouches que tous les autres Orientaux, ils en ont tous les vices sans en avoir les bonnes qualités; cruels et sanguinaires, perfides, hypocrites et voleurs intrépides, ils ne vivent que du brigandage qu'ils exercent sur le territoire de leurs voisins. Je ne leur connais pour toute qualité qu'une extrême bravoure, mais elle n'est point raisonnée ni due à un sentiment d'honneur; c'est plutôt la témérité de la bête féroce qui n'envisage que sa proie, sans réfléchir aux dangers qu'elle court à sa poursuite. Ils ont cependant des mœurs assez hospitalières dans leur propre pays; et les mêmes hommes qui vous auront détroussé sans pitié au-delà des frontières, seront les premiers à vous escorter et à vous servir de sauvegarde quand vous êtes sur le territoire de la Perse.

Dix à vingt Curdes se réunissent pour faire leurs courses, et vont quelquefois rançonner des villages et des villes jusqu'au centre de la Natolie. Dans des expéditions un peu importantes, plusieurs bandes se mettent ensemble: ils partagent le butin, et retournent rarement chez eux sans rapporter quelque chose.

- Les tribus du Hékary, du Belban, de Méhervan et de Beilam ou de la plaine, qui sont sous la juridiction immédiate du prince royal, ne sont pas aussi livrées au brigandage que les autres, parce que les habitudes pastorales et les soins qu'elles donnent à leurs troupeaux ont un peu adouci leurs mœurs; mais elles n'en sont pas moins fort dangereuses à rencontrer hors de chez elles.

Les Curdes, ainsi que les Persans, ne peuvent être divisés qu'en deux classes sous le rapport des fortunes. Leurs troupeaux et la possession de villages, presque tous habités par des Nestoriens, constituent toutes leurs richesses. La considération se mesure ici sur le nombre d'hommes armés qu'un Curde peut nourrir et entretenir. Le maître envoie souvent ses gens en expédition; ceux-ci lui rapportent exactement le butin qu'ils ont fait, et reçoivent de sa main la part qui leur avait été promise.

Les grands sont misérablement logés, car dans tout le Curdistan, à l'exception des châteaux forts des beys, il n'y a pas une habitation passable ; les maisons des plus riches particuliers ne valent pas mieux que celles des paysans de Perse ; ce sont des masures basses, sans fenêtres, recevant la lumière par des trous ronds pratiqués aux toits et qu'on bouche la nuit avec des pierres plates.

Les Curdes sont sunnites, c'est-à-dire de la secte d'Omar ; ils sont très-superstitieux et prient quatre ou cinq fois le jour ; à cela près, leurs occupations présentent peu d'intérêt, en quoi ils ressemblent aux Turcs. Comme eux, ils passent des journées entières assis, sans bouger. Ils sont grands parleurs et avides de contes, aussi ont-ils toujours chez eux des derviches étrangers qui gagnent leur vie à leur en débiter.

Leur manière de vivre est très-frugale : leurs mets se composent de riz mis en boulettes, avec de la pâte et des aromates qu'on fait cuire dans l'eau. Ils mangent beaucoup de mouton et de chèvre bouillie sans assaisonnement et même sans sel ; leur pain est encore plus mince que celui des Persans, et ordinairement séché au soleil. Ils aiment beaucoup le chameau, et quand, dans leurs courses, il leur arrive d'en prendre, ils tuent le plus jeune, et c'est un jour de régal pour les voisins, qui sont toujours invités, dans ces occasions, à venir en manger leur part. Ils ne boivent jamais de vin, qui leur est défendu; ceux que l'on surprend en contravention sont punis très-sévèrement. On les pend par les pieds à un arbre, et on les y laisse souvent douze heures; en cas de récidive, le châtiment est augmenté de quelques coups de bâton.

J'ai déjà dit qu'en temps de guerre les Curdes étaient obligés de fournir un certain nombre de troupes au prince royal; mais de toutes les tribus soumises à son autorité, il n'y en a réellement qu'une qui lui soit utile, car son contingent vaut à lui seul tous les autres ensemble, c'est celle de Beilam. Elle habite des plaines immenses, bornées à l'est par une petite ramification du Zagros, qui descend du nord au sud, et la sépare des districts de Salmas et d'Ourouméa, qui lui sont parallèles et égaux en étendue. Cette tribu faisait autrefois partie de celle du Hékari; mais le bey qui gouverne cette dernière et habite des montagnes, avait donné de fréquens sujets de mécontentement aux habitans de la plaine. Ils étaient depuis long-temps poussés à secouer le joug par un certain Ismaël-Bey, possesseur d'un château fort situé sur la crête de la portion du Zagros dont je viens de parler, et qui de là dominait la campagne. Ils finirent donc par se révolter et le nommèrent leur chef, à condition qu'il emploierait tout pour maintenir leur indépendance. Le rusé Ismaël étant parvenu à son but, s'empressa de se mettre sous la protection du prince royal, dont il se déclara le vassal, et en conséquence il fut nommé bey de la nouvelle tribu de la plaine ou de Beilam, nom du château d'Ismaël; à condition de se reconnaître sujet de la Perse, et d'obéir aux ordres qui émaneraient du roi son père ou de lui (1). Ce pacte, loin d'être onéreux aux indépendans, a tourné à leur avantage. En

---

(1) Le bey de Hékary, voulant se venger de cet acte d'indépendance, saisit le moment où Ismaël-Bey, à la tête de douze mille de ses gens, était allé joindre l'armée du prince, croyant avoir bon marché de son château; mais la sœur d'Ismaël, véritable héroïne, ayant eu connaissance de sa marche, rassembla à la hâte environ quatre cents hommes de cavalerie, à la tête desquels elle se précipita sur Baba-Khan, fils du bey, qu'elle culbuta, ainsi que trois mille hommes d'infanterie qu'il avait avec lui et qui furent tous pris ou

effet, ils ont formé en quelques années la plus belle et la plus riche tribu du pays, comme ils en ont toujours été la plus brave. Elle fournit en temps de guerre quinze mille cavaliers bien montés et bien armés, qui reçoivent une solde du roi pendant le temps qu'ils sont hors de chez eux : cette solde est forte, afin de mieux s'assurer de leurs services.

Cette tribu a des chevaux d'une race excellente, qui sont d'une vigueur et d'une vitesse extraordinaires, et comme chaque individu doit entretenir lui-même le sien, il en prend un soin particulier. Les Curdes font presque tous couvrir des jumens de montagnes par des étalons arabes ou turcomans, et obtiennent ainsi un grand nombre de poulains superbes. Le prix n'en est pas excessif, et on peut s'en procurer de fort beaux pour cinquante réaux (cent cinquante francs.)

Les Curdes font la guerre comme les troupes irrégulières de la Perse ; ils ont cependant

---

tués ; le khan eût lui-même beaucoup de peine à s'échapper avec quelques domestiques bien montés.

un peu plus d'ordre qu'elles, et savent se mettre, quoique imparfaitement, en bataille sur deux rangs. Les chefs de peuplades ou de tribus, qui sont censés les plus braves, les devancent toujours de quelques pas et doivent joindre les premiers l'ennemi.

Quand ils sont en présence et qu'ils ont à exécuter une charge, chacun d'eux s'apprête, examine ses armes, veille à ce que rien ne le gêne avec autant de sang-froid que s'il allait entreprendre une partie de plaisir. Alors les molhas de chaque tribu en parcourent le front en brandissant une hache de la main droite, frappant de la gauche sur un petit tambourin attaché à l'arçon de la selle et criant pendant tout ce temps Allaa ! A ce signal toute la ligne s'ébranle, et le prêtre qui la devance porte souvent les premiers coups. Chaque homme est armé d'une lance semblable à celle des kazal-bache, d'un kandjard, d'une paire de pistolets et de deux sabres, dont un est pendu à leur côté; l'autre, passé horizontalement sous le surfaix de la selle, ne sert que dans le cas où le premier se brise, ce qui arrive assez souvent quand on est obligé de frapper sur des casques, des cuirasses ou des cottes de maille. Les Curdes les plus braves sont fort estimés, et quelle que soit leur condition., ils ont le droit de s'asseoir devant les grands, qui leur marquent beaucoup de considération, parce qu'ils redoutent l'influence qu'ils exercent sur leurs camarades. Ils obtiennent aussi de certaines distinctions, mais la principale est de mettre sur leurs turbans une plume de paon pour chaque ennemi qu'ils ont tué : aussi beaucoup d'entre eux en ont la tête couverte; j'en comptai un jour neuf sur la coiffure d'un jeune homme qui n'avait pas vingt-cinq ans. Ils sont fort jaloux de cette marque d'honneur, et l'insulte la plus sanglante qu'on puisse faire à un Curde est de lui dire que son turban est brûlé du soleil, et qu'il n'a pas encore eu assez de valeur pour l'ombrager. Leur costume ressemble beaucoup à celui des Mamelouks, avec lesquels ils ont une grande analogie pour la bravoure, l'impétuosité, et particulièrement pour l'adresse.

Les Curdes n'ont pas, comme les autres Musulmans, plusieurs femmes; et bien que leur religion leur permette d'en avoir jusqu'à quatre, il est rare qu'ils en aient plus d'une. Aussi sont-elles plus heureuses que les Persanes, qui passent rarement une journée sans

avoir des querelles occasionées par la jalousie et le commérage.

Le costume des dames curdes est plus élégant et plus décent que celui des Persanes. Outre la grande robe turque qui est fort belle, elles ont une tunique courte qui la recouvre en partie ; celle-ci est soutenue par une ceinture fort riche, qui dessine leur taille et leur sied à merveille. Elles portent aussi le turban et les pantalons ; mais plus légers et faits avec beaucoup de grâce. Elles sont aussi avides de bijoux que les Persanes, et c'est pour elles un grand plaisir que de s'en parer pour les faire voir à celles de leurs connaissances qui les visitent. Elles sont d'une ignorance extrême, et n'ont pas plus d'occupations que les dames Persanes ; elles fument et se promènent une bonne partie de la journée ; il y en a cependant quelques-unes qui brodent joliment en or, et qui entretiennent leurs maris de gilets et de soubrevestes. Ces objets doivent être, comme on sait, extrêmement riches et brodés avec élégance pour les jours de gala ; mais rien n'approche de la beauté de ce qu'on fait en ce genre à Constantinople, où l'on trouve, à mon avis, les brodeuses les plus adroites du monde. Bien que les femmes curdes de la classe du peuple ne mettent pas autant de soin à cacher leur figure que celles de Perse, les dames ne sortent cependant jamais que couvertes de chaderas blancs qui leur enveloppent tout le corps, et comme elles ne font pas usage du roubend pour cacher leur figure, elles lui substituent des voiles non moins ridicules. Ce sont des espèces de hauts-vents semblables à ceux dont se servent les vieillards à vue faible, qui ne peuvent supporter les rayons du soleil; mais ils sont plus grands et faits en carton peint en noir : on attache tout autour un morceau de toile de crin, à travers lequel elles distinguent parfaitement tous les objets, sans qu'on puisse même juger de quelle couleur elles sont. En général les femmes ont plus de liberté qu'en Perse, et sortent souvent du matin au soir sans que leur maris s'inquiètent des lieux où elles vont.

Les dames curdes sont aussi galantes que les turques, et la plus grande partie ont de même qu'elles des amans favorisés, avec lesquels elles correspondent et qu'elles voient chaque jour en secret. Leur commerce épistolaire est fort ingénieux, mais il offre des difficultés. Il consiste dans l'arrangement de certaines fleurs, ayant différentes significations conve-

Dame curde parée au Harem

Dame curde à la promenade.

nues, suivant la manière dont elles sont arrangées et combinées entre elles. Les embarras de cette correspondance hiéroglyphique augmentent beaucoup si elle éprouve quelque accident, ou si l'on soupçonne qu'un jaloux en ait découvert la clef; il faut alors la changer à l'instant, et la rose qui, le matin, signifiait joie ou amour, veut souvent dire le soir haine ou vengeance. Les maris, qui ont tous passé par-là, connaissent parfaitement cette manière de s'exprimer et défendent les fleurs autant qu'ils le peuvent; mais c'est presque toujours en vain. La manière de se donner ces bouquets est si ingénieuse qu'ils ne parviennent jamais à saisir le mot de l'énigme, et finissent, comme ailleurs, par laisser aller les choses. Les rendez-vous galans sont fort communs, quoiqu'ils soient toujours très-dangereux; car deux amans surpris en tête-à-tête paient toujours ce bonheur par une mort cruelle; cela n'empêche pas les femmes d'en donner et les hommes de les accepter avec empressement; mais l'intérêt qu'ont les deux parties à garder le secret, fait que les malencontres sont très-rares.

Les rendez-vous se donnent ordinairement dans des maisons à plusieurs sorties, louées par des juifs très-experts à conduire ces in-

trigues. Les amans y entrent par des portes opposées, et l'homme s'y rend déguisé en femme,
travestissement très-facile dans ce pays où les
chadéras et les couvre-figures cachent la personne en entier et empêchent de distinguer le
sexe. Si par accident l'une ou l'autre des parties intéressées n'a pu se trouver au rendez-vous
à l'heure indiquée, le juif met le lendemain
sur la fenêtre un bouquet dont la signification
serait un mystère pour tout autre que pour
celui ou celle à qui il s'adresse, et à qui il
apprend la nature des obstacles qui ont dé-
rangé le rendez-vous, et fixe en même temps
le jour et l'heure d'un second. La réponse
se fait de la même manière, et les intrigues
amoureuses durent souvent plusieurs années
sans qu'on en puisse pénétrer le secret. C'est
d'autant plus étonnant en Turquie surtout, que quand une femme n'est pas seule
dans un harem, elle est non-seulement sur-
veillée par son mari et par les eunuques, mais
encore par ses compagnes, qui sont toutes ses
rivales, et même par les esclaves, jalouses de
leurs maîtresses, et qui, brûlant de les supplan-
ter, font tout leur possible pour y parvenir.

La Turquie présente sur ces rendez-vous
une particularité curieuse, et trop générale-

ment connue pour qu'on puisse la révoquer en doute. Il est des femmes qui conduisent de ces sortes d'intrigues pendant dix ou douze ans sans que leurs amans sachent à qui ils ont affaire, tandis qu'elles sont instruites de leurs moindres démarches et de toutes les particularités qui les concernent. Il n'est pas rare qu'elles pourvoient à leurs besoins; et les juifs, porteurs de leurs dons, n'en connaissent pas mieux la source, car ils ne sont jamais admis dans leur entière confidence. Il est enfin telle femme qui porte si loin sa générosité, qu'à des distances très-éloignées et long-temps après que l'intimité a cessé, l'amant reçoit encore des largesses par des voies tout aussi impénétrables qu'auparavant.

Outre les tribus sédentaires dont je viens de parler, les Curdes en ont encore de nomades qu'on peut aussi diviser en deux classes : celles qui ne vivent qu'une partie de l'année sous la tente, et celles qui n'ont jamais d'autre demeure. Les premières sont ordinairement composées d'habitans des contrées où les fourrages ne suffisent pas pour nourrir leurs bestiaux, ce qui, joint à leur goût pour la vie pastorale, les décide à quitter leurs maisons pendant sept à huit mois de l'année, durant lesquels ils changent de stations, en décrivant un cercle de quelques lieues, qui finit par les ramener chez eux. Comme leur manière de camper et de vivre est la même que celle des véritables nomades, je donnerai une idée de ces ménages ambulans qui, selon moi, présentent le spectacle le plus extraordinaire. On ne peut, en effet, se lasser d'admirer avec quelle aisance ils changent d'emplacement, sans être embarrassés de l'énorme quantité d'ustensiles et de bestiaux qui leur sont indispensables, et qui les suivent avec rapidité. Une de ces familles se compose ordinairement d'une douzaine de personnes, hommes, femmes, enfans et domestiques. Leurs tentes sont d'étoffe grossière de laine noire tissue de leurs mains, et soutenues par quelques bâtons plantés en terre sans beaucoup d'ordre. Le père, qui est le chef de la famille, n'en sort jamais; les fils, mariés ou garçons, qui sont montés et armés, vaquent continuellement aux affaires ou font des courses qui les tiennent des semaines et même des mois entiers absens. Quand ils sont rentrés, ils ne font autre chose que fumer, prendre le café, boire, manger et dormir.

Les tentes sont divisées en quatre compartimens : le premier est destiné à la famille. Il est séparé des autres par une petite cloison faite en osier, de trois pieds de hauteur, proprement peinte en vert, et dont le tissu n'est pas assez serré pour empêcher l'air de passer à travers, ce qui maintient cette partie extrêmement fraîche. Le sol est couvert d'un tapis; et cet appartement est à-la-fois le salon de compagnie, la salle à manger et la chambre à coucher; car, ainsi que les Persans de la classe du peuple, les Curdes couchent tous dans une même chambre. Le père, la mère, les garçons, les filles, les gendres, les brus, les petits-enfans, tout est pêle-mêle dans un même lieu; coutume que j'ai vu également pratiquer en Géorgie. Le second compartiment est réservé pour les chevaux et les domestiques qui les soignent. Le troisième, qui est le plus grand, est occupé par les bestiaux qui ne vont pas aux champs et par ceux qui restent tous les soirs, tels que les vaches, les brebis qui ont des agneaux, les jumens et leurs poulains.

Le quatrième et dernier compartiment est destiné à la cuisine, à la boulangerie, aux bains, en un mot, à tout ce qui concerne le ménage. Les femmes sont laborieuses, sans cesse occupées, très-adroites, et, par-dessus tout, d'une propreté qui contraste avec la saleté des individus des deux sexes qui habitent les villes et villages. Quand elles ont fait toute la besogne intérieure, elles travaillent à différens ouvrages de laine; mais surtout à faire de larges sangles qui se débitent dans toute la Perse. On en joint plusieurs morceaux ensemble pour faire des tapis communs à l'usage du bas peuple.

Le costume des femmes nomades est différent de celui des femmes qui habitent les villes. Elles sont vêtues de robes longues, ouvertes par le haut, soutenues par des ceintures blanches dont les bouts pendent par-devant. Elles sont coiffées avec des voiles de toile blanche de coton, qui retombent de chaque côté de la figure et jusqu'au milieu du dos; ces voiles sont maintenus par des espèces de bandeaux de soie brune, dont elles se ceignent la tête et qu'elles nouent ensuite sur le front.

Elles sont grandes, fortes et très-jolies, quoiqu'un peu brunes, étant continuellement exposées au soleil. Elles sont douces, malgré un certain ton de rudesse qui rebute au premier abord, mais qu'elles perdent bientôt, surtout quand on leur fait quelques petits

Famille nomade sous une tente avec leurs bestiaux.

présens. Avec un cadeau , on est toujours sûr de les adoucir et d'en recevoir toutes sortes de bons offices.

Une famille nomade ne voyage presque jamais seule ; une vingtaine, plus ou moins, d'après les rapports de parenté ou même d'amitié qui existent entre elles , se réunissent dans ce but et choisissent les lieux qui ont les meilleurs pâturages et de bonne eau. Les tentes de chaque familles restent cependant éloignées de quelques centaines de toises les unes des autres. On séjourne dans chaque place tant que l'herbe ne manque pas , après quoi on charge les bestiaux des effets et ustensiles de ménage , et l'on va dans d'autres cantons qui offrent de nouvelles ressources. Pendant l'hiver, ces peuplades se rapprochent davantage de l'est ; et, dans les mois de décembre, janvier et février, on en voit jusque de l'autre côté de Kom et souvent même d'Ispahan.

Les troupeaux suivent toujours ces familles nomades ; ils sont gardés par des domestiques dont l'existence est fort misérable. Ces malheureux, quelque temps qu'il fasse et dans toutes les saisons , ne quittent jamais les champs ; tous les huit ou quinze jours, ils reçoivent leurs vivres qui consistent en galettes de pain et en fromage de chèvre, comprimé dans de petites peaux d'agneau en forme d'outres qu'ils portent à dos. Ils sont misérablement vêtus, et pour se garantir des injures du temps, outre leurs vêtemens qui sont fort mesquins, ils n'ont qu'un long morceaux de feutre, dans le milieu duquel ils font un trou pour passer la tête. Lorsqu'ils l'ont sur le corps, on le prendrait pour une chasuble de prêtre catholique.

Quand les nomades changent de pâturages et ne peuvent en trouver qu'à de grandes distances, ils vont de village en village, mais sans loger dans les maisons, dont ils s'écartent, au contraire, d'une centaine de pas. Leurs bagages et leurs chameaux forment une enceinte circulaire, au milieu de laquelle ils renferment la nuit leurs bestiaux qui ont mangé jusqu'au soir. Les habitans, qui sont partout fort hospitaliers, leur donnent toujours quelque chose ; et, leur genre de vie à part, ils ne sont pas malheureux, car on les voit partout de bon œil. Les Persans qui, par analogie avec les couleurs de leurs tentes, les ont nommés kara-chadera (tentes noires), loin de les éloigner, sont enchantés quand ils viennent séjourner dans leurs plaines, où leur présence amène la gaîté; ils trouvent souvent à faire avec eux des marchés plus avantageux en vaches et brebis qu'aux foires ou bazars destinés à ce genre de commerce.

CHAPITRE XXXIX.

DES GUÈBRES.

LES Guèbres sont les restes de ces anciens habitans ignicoles ou adorateurs du feu, et qui, depuis l'établissement de l'islamisme, furent non-seulement traités dans leur patrie comme étrangers, mais encore persécutés avec plus de rigueur que les Juifs et les Chrétiens. Le mot guèbre vient de geaour, qui veut dire infidèle; et les Musulmans donnent indistinctement cette qualification à tous ceux qui suivent une autre religion que la leur.

Le culte du feu fut établi par Zoroastre, en persan Zerdach, natif de l'Azerbidjan (1). Il se conserva sans altération jusqu'à la conquête de la Perse par les Arabes que condui-

***

(1) Cependant il faut convenir que les Orientalistes sont aussi peu d'accord sur le vrai lieu de sa naissance que sur l'époque où il vécut.

sait Omar. Ce conquérant farouche fit périr un grand nombre de ces malheureux qui refusaient d'adorer le dieu du vainqueur.

Depuis cette époque, ceux qui refusèrent de se faire Musulmans furent obligés de se cacher et ensuite de se retirer dans les provinces les plus orientales de la Perse, telles que le Kerman, le royaume de Cabul et de Sind, où on les toléra. Ils y sont tombés dans un tel état de pauvreté et de misère, que lorsque les Musulmans veulent parler d'un homme très-pauvre, ils disent qu'il est gueux comme un Guèbre. Cela est passé chez eux en proverbe.

Ils adressent leurs prières au soleil, et les jours d'éclipse sont pour eux des jours de désolation et de deuil; ils se prosternent alors la face contre terre et ne se relèvent qu'au retour des rayons de cet astre. Leurs prêtres, nommés deltours, quoique d'une ignorance profonde, sont néanmoins d'adroits charlatans: ils ont conservé des temples qu'ils nomment atech-gaah, dans lesquels ils conservent le feu sacré qu'ils prétendent avoir été allumé lors de la création du monde. Un des principaux est situé dans un lieu agreste, aux environs de Baku; le terrain environnant

est tellement imprégné de matières inflam-
mables (1) que partout où l'on creuse un
trou, il en émane des vapeurs qui s'allument
aussitôt qu'on leur présente une substance
enflammée. Ce phénomène est bien connu depuis la description qu'en ont donnée M. Fors-
ter et les voyageurs russes. Cette circonstance
a déterminé plusieurs Guèbres à se réunir
dans ces plaines pour y entretenir par piété
plusieurs de ces feux. Ils ont aussi un temple
considérable à Yesd, où se tient le grand-prêtre; c'est dans cette ville et aux environs que
sont aujourd'hui fixées la majeure partie des
familles guèbres qui habitent encore la Perse.

Les Guèbres sont agriculteurs ou artisans,
et il est rare d'en trouver qui aient une subsistance assurée indépendante de leur travail.
Ils sont, en général, petits, mais vigoureux;
leurs traits sont fortement prononcés, et ils
sont plus bruns que les Musulmans. Les femmes sont belles et bien faites; mais sales. La
sobriété est une de leurs vertus familières; ils
ne font que deux repas par jour. Toutes les

---

(1) C'est sans doute le napthe que l'on recueille
dans les environs de cette ville.

viandes leur sont permises, excepté celle de vache, parce qu'ils portent à cet animal la même vénération que les Indous. Les gouverneurs de province mettent à profit cette superstition : la menace d'en tuer une leur produit toujours de l'argent.

Le vendredi est le jour de repos des Guèbres. Comme les Musulmans, ils peuvent avoir plusieurs femmes et répudier celles qui sont stériles.

Les cérémonies religieuses des Guèbres se font à huis-clos, et le secret ne sort pas de l'enceinte des temples. Ils ne prient jamais après le coucher du soleil; ils lui dévouent leurs enfans en leur faisant subir les épreuves du feu : les prêtres les passent en cérémonie sur une flamme légère pour les purifier.

Les Guèbres portent un grand respect aux morts. Depuis qu'ils sont exposés aux persécutions, ils ne les enterrent plus, de crainte que leurs restes ne soient profanés; mais ils les déposent dans des tours ou bâtimens cachés au fond des forêts. Ils en bouchent toutes les issues; mais n'y mettent point de toiture, n'attachant aucune importance à ce que ces corps deviennent la pâture des oiseaux de proie. On revet le mort de ses meilleurs habits, et on le couche dans le lit qui lui servait de son vivant ; on met près de lui du pain, du vin, des fruits, un couteau et un bâton, pratiques qui ressemblent à celles des Juifs, si ce n'est que ceux-ci mettaient de plus une pièce de monnaie dans le cercueil.

Les Guèbres reconnaissent pour chefs les plus anciens d'entre eux et leur portent un grand respect. Ces vieillards jugent leurs contestations et leurs querelles sans que jamais les autorités du pays en prennent connaissance; aussi voit-on bien rarement des Guèbres chez les cadis, à moins qu'ils n'aient quelque procès avec les Musulmans, chose aussi rare qu'inutile chez eux ; car, quel que fût leur droit, ils seraient toujours certains d'être condamnés.

Toutes les lois civiles et religieuses des Guèbres sont contenues dans le *Zend avesta*, que nous connaissons par la traduction de M. Anquetil du Perron. Ils ont encore le *Pa zend*, qui est une sorte de commentaire du premier. La charité est, selon eux, l'œuvre la plus méritoire devant Dieu. Le pélerinage de Yesd est d'obligation rigoureuse, et aucun d'eux ne peut se dispenser de le faire au moins une fois dans sa vie. Ils apportent dans ces occasions des présens au grand-prêtre, qui a le pouvoir de les absoudre de leurs péchés.

Nous avons vu plus haut que le nom d'Azerbidjan, signifiait terre de feu; ce qui prouve assez que le culte du feu était en grande vénération dans cette province, particulièrement à Tébris. On voit encore dans cette ville les débris d'un temple magnifique qui lui avait été consacré. Les Guèbres ont aussi une grande vénération pour les environs d'Ardebil, et il en est peu qui ne les visitent; il vient même des pélerins des bords de l'Indus pour accomplir cet acte de dévotion.

A quelques superstitions près, symboles religieux défigurés par le temps et dont ils ont perdu la signification, les Guèbres sont un excellent peuple; doux, charitable, hospitalier, ayant horreur de l'effusion du sang; et, si ce n'était leur ignorance, ils rappelleraient ces anciens Perses si humains, si éclairés, si généreux à l'époque où l'Europe était encore plongée dans une profonde barbarie.

FIN.

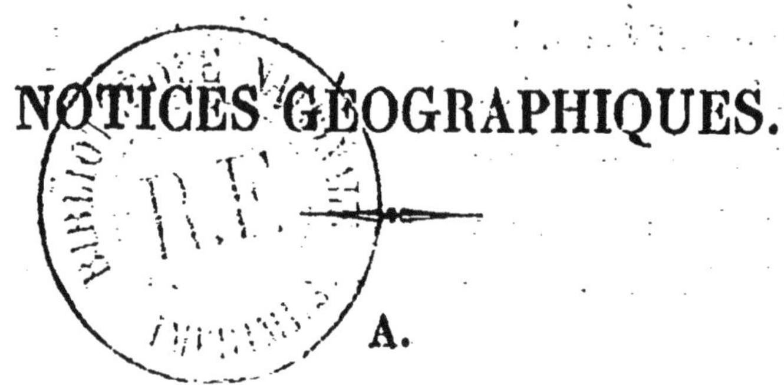

A.

Abas-Abas, fort, près de Nackchtévan, qu'A-
bas-le-Grand avait fait détruire quand il dépeu-
pla l'Arménie, mais que le prince royal actuel
de Perse a fait relever à la manière européenne :
il peut être considéré comme un des meilleurs
boulevards de la Perse.

Abiverd, petite ville au nord du Khorassan,
chef-lieu d'un grand district qui est aujourd'hui
indépendant et gouverné par un chef turcoman.

Aheer ou *Ahar*, petite ville de l'Azerbidjan,
aux environs de laquelle on trouve l'albâtre connu
sous le nom de marbre de Tébris ; elle possède
aussi des mines considérables de cuivre et de fer.
C'est un des points militaires les plus importans,
tant par sa situation centrale et élevée , que par
la quantité de routes qui viennent y aboutir.

Akalzique, grande ville de Mingrélie, sur le
Kur. Elle est défendue par une citadelle en assez
bon état, qui domine tous les environs; elle fait
un grand commerce, et contient en conséquence
beaucoup d'Arméniens et de Juifs. Elle a été prise

plusieurs fois par les Russes, qui l'ont enfin cédée aux Turcs à la paix dernière. Elle est le chef-lieu d'un pachalik subordonné à celui d'Arzouroum.

Anizeth, petite ville située au centre de l'Arabie déserte, sur la route des caravanes qui se rendent de Bassora à la Mecque.

Aran, district de l'Arménie persane, dépendant de la province d'Azerbidjan, dont Erivan est le chef-lieu. Il est très-peuplé, très-fertile, et riche en troupeaux; il possède aussi de fort belles mines de sel, de fer, de cuivre, et c'est un des plus abondans vignobles de la province. On en tire le vin que l'on consomme dans toute la Perse, dans une partie de la Natolie et même aux Indes.

Araxe, grand fleuve d'Asie qui séparait jadis les royaumes de Médie et d'Arménie. Il prend sa source dans les montagnes qui avoisinent Arzeroum, et il n'est considérable qu'après avoir reçu l'Arpatchay et plusieurs rivières et ruisseaux qui descendent du Caucase; il passe au pied du mont Ararat, se grossit du Kur dans le désert du Mogan, et tombe dans la mer Caspienne à Salian après s'être divisé en deux branches qui forment une île. Il est extrêmement gros et rapide au printemps; mais sur la fin de l'été on peut le passer à gué en plusieurs endroits.

Ardebil, grande ville, renommée par ses eaux

nérales et par le tombeau du Scheik Sephi-ed-din. Son origine est de la plus haute antiquité; une foule de pélerins, que la dévotion y attire, l'enrichissent par leurs offrandes. Elle est gouvernée par un khan qui a le titre de beglierbey, quoiqu'il dépende du gouvernement d'Azerbidjan.

Arménie, ancien royaume de l'Asie-Mineure, qui forme aujourd'hui deux provinces, l'une turque et l'autre persane. La première s'étend depuis Siwas jusques et y compris la ville de Kars; Arzeroum en est le chef-lieu; elle est gouvernée par un pacha à trois queues. L'Arménie persane, outre la majeure partie du district d'Aran, comprend la ville de Nackhiévan, une partie du Kurdistan et de la Géorgie.

Arpatchay, torrent qui descend d'un des contre-forts du Caucase et sépare l'Arménie turque de la persane; il se jette dans l'Araxe à quelques lieues au-dessus d'Erivan : il est d'une rapidité extraordinaire au printemps, mais il conserve à peine un filet d'eau en été.

Arzeroum, grande ville, chef-lieu de l'Arménie turque, située à l'extrémité d'une vaste plaine. Elle est très-commerçante et renommée pour les ouvrages en fer qui s'y fabriquent, tels que les fers et les clous de chevaux, les lames de kandjiard, etc. Les rues en sont étroites et sales, quoique pavées de grandes dalles de pierre. Cette ville manque de bois, ce qui est d'une très-grande privation pour elle, l'hiver y étant très-rigoureux. Elle est la résidence d'un pacha supérieur à ceux de Kars, d'Akalzique et de Bajazet.

Astrabad, ville considérable du Mazendéran, et qui en est considérée comme le chef-lieu. Elle est située sur la rivière de ce nom ; elle a un assez bon port, qui est, au reste, le seul que les Persans possèdent sur la mer Caspienne. On prétend que cette ville renferme la majeure partie des trésors du roi.

Astrakan, grande ville très-commerçante, située sur la mer Caspienne, à l'embouchure du Volga ; elle est le chef-lieu d'un gouvernement de l'empire de Russie.

Azerbidjan, grande province au nord de la Perse, qui formait jadis la majeure partie de la Médie : elle est plus tempérée que les autres parties de ce royaume, quoique les hivers y soient très-rigoureux. Elle est aussi plus peuplée et mieux cultivée ; elle renferme des mines de fer, de cuivre, ainsi que des carrières d'albâtre et de sel qui sont très-abondantes. Elle est gouvernée par le prince Abas-Mirza, le second fils du roi. Sa capitale est Tébris.

B.

Bagdad, grande ville très-riche et très-commerçante de l'Irak-Arabi, sur le Tigre. Elle était jadis la résidence des fameux califes; elle a été plusieurs fois ruinée, et s'est toujours relevée. Les Persans et les Turcs se la sont disputée nombre d'années; le fameux Nadir-Schah échoua devant ses murailles, et elle est depuis ce temps restée au pouvoir des Turcs, qui y ont un pacha de première classe, duquel dépendent ceux de Mosul et de Bassora. Les ruines de l'ancienne Babylone en sont éloignées d'environ deux lieues à l'est.

Bajazet, ville assez considérable de l'Arménie turque, située dans les montagnes du Zagros; c'est la résidence d'un pacha subordonné à celui d'Arzeroum. Cette ville est défendue par de vieilles murailles en maçonnerie et par un fort en mauvais état.

Balk, grande ville très-commerçante de la Grande-Bukarie, et capitale d'une province du même nom, bornée par une des branches méridionales de l'Oxus. Elle fait aujourd'hui partie des états du roi de Cabul.

Bardachir, grande ville du Kerman, située au milieu de la chaîne des montagnes Meder, qui traversent cette province de l'est à l'ouest. Elle a plusieurs fabriques de schals assez beaux, quoique inférieurs à ceux de Cachemire. La ville et le district qui en dépend sont au pouvoir d'un chef baloutche.

Bassora, ville médiocre, sur l'Euphrate, à vingt lieues environ de son embouchure. Elle fait un grand commerce, et peut être considérée comme l'entrepôt des marchandises de la Perse, de l'Inde et de l'Arabie. Elle est fort malsaine, ses rues sont étroites et sales; elle est entourée d'une simple muraille sèche, en assez mauvais état, qui, du temps de Kérim-Khan, a néanmoins résisté à une armée persane qui l'assiégea près d'une annéé sans pouvoir s'en emparer. Cette ville appartient à la Turquie, qui y entretient un pacha subalterne, lequel prend le titre d'amiral, avec quelques barques décorées du nom de vaisseaux; mais qui, vu leur état de délâbrement, ne descendent jamais en mer.

Beilan, village considérable du Kurdistan, près duquel est un château fort appartenant à la tribu de la plaine, qui en habite les environs, et qui est connu sous le nom de Beilan.

Bélban, ville du Kurdistan, chef-lieu d'une tribu de ce nom, gouvernée par un bey qui y fait sa résidence.

Bender-Abassi. Voyez *Ghomron*.

Bender-Bouchir, ville peu considérable, et

port de mer situé sur le côté nord du golfe Persique, à l'extrémité d'une langue de terre qui forme une presqu'île; elle est assez bien fortifiée. Le sol en est malsain, les rues sont très-étroites, et la chaleur y serait insupportable si elle n'était souvent tempérée par des vents d'est. Les Anglais avaient établi un comptoir dans cette place du temps d'Abas-le-Grand, qui leur avait aussi accordé, avec le droit d'y commercer, la moitié du produit des douanes, en reconnaissance des secours qu'il en avait reçus lorsqu'il chassa les Portugais de l'île d'Ormus. Ces arrangemens ne subsistent plus aujourd'hui.

Bistan, ville assez considérable de Perse, à l'ouest du Khorassan, sur la grande route d'Astrabad à Hérat, sur la rivière Strech. Elle est le chef-lieu d'un district au pouvoir du roi, et gouverné par un khan de deuxième classe, dépendant de celui de Mesched.

Bokarara, grande ville, riche et très-peuplée, de la Tartarie indépendante, sur le Kay-ab, affluent de l'Oxus. Elle fait un grand commerce de musc et de pierreries. Un certain Haider-Khan, qui la gouverne, a pris le titre de schah (roi), et étend de jour en jour son territoire du côté du Khorassan.

Boom, petite ville du Kerman et au sud de cette province, formant les limites des possessions

du roi. Elle n'est célèbre que par la mort du malheureux Luft-Aly-Khan, le dernier des parens
de Kérim-Khan, trahi et livré à Mohammed-
Khan, qui le fit périr d'une manière cruelle, ainsi
que toute sa suite.

C.

Cabul, grande et belle ville, capitale du royaume de ce nom , située au fond d'une plaine immense, sur le Kamek qui tombe dans l'Indus aux
environs d'Attock. Elle a une double enceinte de
murailles très-épaisses, et un fossé large et profond
que l'on peut remplir d'eau à volonté. Son climat
est très-doux ; plusieurs ruisseaux qui la traversent contribuent autant à y maintenir la propreté
qu'à procurer de l'agrément à ses habitans ; elle
renferme nombre de jardins de la plus grande
beauté ; tous les comestibles y sont abondans et à
bas prix. Zeman-Schah, son souverain actuel,
habite un palais situé sur une hauteur qui domine toute la ville , et bien qu'il soit mesquin,
comme sa situation le met à l'abri d'une surprise,
le roi le préfère à ses autres palais qui offrent
plus de commodités.

Cachemire, grande et magnifique vallée au nord-
ouest de l'Inde ; elle forme un gouvernement particulier ; son chef-lieu est situé sur le fleuve Djalem, à l'extrémité nord du lac Dall. Les rues en

sont étroites et sales, mais le climat est sain, nonobstant des froids très-vifs et une grande quantité de neige en hiver. On comptait autrefois dans cette ville six mille métiers à schals; il n'y en a maintenant que six à sept cents. Les environs, et particulièrement les bords du lac et du Djalem, présentent des sites d'une grande beauté, aussi les Indiens nomment-ils ces contrées le paradis terrestre.

Capolk, ville au nord du Khorassan, est chef-lieu d'un district actuellement en état de rébellion, sous la domination des chefs turcomans.

Casbin, grande ville, autrefois capitale de la Perse; mais dont les quatre cinquièmes sont aujourd'hui en ruines. Elle est située dans une plaine immense, à quelque distance de la rivière Schah-Roud; elle produit quantité de raisins que l'on sèche et qu'on envoie dans toute la Perse : elle avait aussi naguère une excellente fabrique d'armes qui n'existe plus; on fait cas de ses ouvrages en cuivre. Cette ville forme aujourd'hui avec le district qui en dépend l'apanage d'un des fils du roi, nommé Mohammed-Tague-Mirza. Il habite le palais royal que l'on entretient encore, mais qui n'a plus rien de son ancienne splendeur.

Caspienne (la mer) est généralement considérée par les géographes comme un grand lac, parce qu'elle n'a aucune communication apparente avec

les mers ; elle a près de trois cents lieues de longueur sur environ cent soixante dans sa plus
grande largeur. Comme toutes les mers étroites,
elle est fort dangereuse pour les navigateurs,
n'ayant à bien parler qu'un seul port et fort peu
de rades abritées des vents d'est qui y règnent avec
violence. La pêche de l'esturgeon y est très-pro-
ductive et toujours abondante ; l'eau de cette mer
n'est que très-peu salée, et pourrait à la rigueur
se boire pendant quelques jours ; les chevaux s'en
abreuvent sans répugnance.

Caucase, chaîne de hautes montagnes de l'Asie,
située entre la mer Noire et la mer Caspienne,
dont les ramifications s'étendent dans plusieurs
sens sous des noms différens. Le passage en est
difficile et effrayant en été ; mais il est imprati-
cable en hiver. Ses vallées, étroites et profondes,
sont souvent comblées par la chute des avalanches
qui s'y précipitent avec fracas. Le Terck, rivière
ou plutôt torrent qui serpente dans sa principale
vallée, y roule souvent d'énormes rochers. Il a
fallu creuser le roc dans plusieurs endroits pour
continuer la route qu'on y a faite avec beaucoup
de difficultés pour se rendre en Géorgie. Ces montagnes renferment, dit-on, des mines fort riches
en minéraux de toute espèce, et même en pierres
précieuses ; mais les difficultés de leur exploita-
tion les tiendront enfouies bien long-temps encore.

Chirwan, province de Perse, située le long des ords occidentaux de la mer Caspienne, et dont chamaki est la capitale. Elle était depuis long-temps occupée par les troupes de la Russie lorsqu'elle a été cédée à cette puissance par le roi de Perse par le dernier traité. On ne peut y entrer du côté du Caucase que par un défilé très-scabreux, nommé les Portes-Caspiennes.

D.

Dadabegloo, village considérable du Karabay, où le prince royal de Perse a coutume d'aller asseoir son camp de plaisance tous les étés. C'est là que les Russes surprirent l'armée persane en 1810, et faillirent prendre le prince royal.

Daguestan, ou pays de montagnes, est un district situé le long du rivage occidental de la mer Caspienne, au nord du Chirwan; Taku en est la capitale. Ce district, quoique enclavé dans les possessions russes, n'a pu jusqu'à présent être réduit à l'obéissance. Les Lesguis qui l'habitent sont les êtres les plus sauvages et les plus féroces de toutes les hordes qui habitent le Caucase; quand on s'approche d'eux, ils se retirent sur la cime des plus hautes montagnes, où ils ont des repaires inexpugnables.

Bamas, grande, belle et ancienne ville de

Syrie, autrefois capitale d'un royaume de ce nom, est aujourd'hui chef-lieu d'un pachalik. Cette ville fait un très-grand commerce de soieries; elle est surtout renommée pour les étoffes qui portent son nom : il y avait anciennement de belles manufactures d'armes; mais elles sont bien déchues.

Delhi, capitale de l'empire du Mogol. Elle est située dans une belle plaine sur la rive occidentale de la Djemmah; son enceinte a près sept lieues de tour; ses rues sont, comme celles de toutes les villes asiatiques, étroites, tortueuses et sales. Delhi portait autrefois le nom de Schah-Djihan-Abad, ou ville de Schah-Djihan. Ce souverain habitait un palais situé sur les bords du fleuve, construit en pierres rouges et d'une magnifique architecture; mais il tombe en ruines.

Demawend ou *Albours*, chaîne de montagnes très-hautes, à environ trois pharsanges nord-est de Téhéran; une d'elles, plus élevée et dont la cime est très-escarpée, porte le nom de *Pic-de-Demawend*; elle est, ainsi que toutes les autres, continuellement couverte de neige. Les habitans du pays prétendent qu'il croît sur son sommet une herbe qui a la vertu de changer en or les dents des moutons qui la broutent.

Derbent, ville de la province de Chirwan, sur les bords occidentaux de la mer Caspienne, à l'embouchure de la rivière Schamouka. La plupart de ses habitans sont Arméniens et Géorgiens ; elle est au pouvoir de la Russie, et fait un commerce assez considérable avec la Perse.

Diran, ville et chef-lieu d'un district indépendant, au nord de la province du Khorassan, gouvernée par un chef turcoman.

Djulamerk, petite ville du Kourdistan, chef-lieu du district de Hékáry. Elle est située dans les gorges du mont Zagrós. Le bey, qui y fait sa résidence, habite un château fort situé sur une colline escarpée qui se trouve au centre de la ville, mais qui manque d'eau. Une branche du Grand-Zab passe au pied de la ville, et serpente dans les vallées étroites de cette chaîne jusqu'à son embouchure dans le Tigre, un peu au-dessous du Mosul.

Djulfat, ancienne ville d'Arménie, sur les bords de l'Araxe ; détruite par Abas Ier lorsqu'il voulut convertir ce pays en désert pour en éloigner les Turcs. Elle était magnifique, riche et très-peuplée : elle avait un superbe pont de construction romaine, dont la solidité avait bravé pendant plusieurs siècles les efforts du fleuve. Les Arméniens, chassés de cette ville, en avaient rebâti une du même nom près d'Ispahan, qui était parvenue au plus haut degré de prospérité ; mais les guerres civiles causèrent sa ruine, et je doute que jamais elle se relève. Sa population ne monte pas à mille âmes.

É.

Ecbatane. Voyez *Hamadan.*

Erivan, grande ville de l'Arménie persane, chef-lieu du district d'Aran. Elle est bâtie sur le Zéngui, petite rivière qui prend sa source dans le lac de ce nom, lequel en est distant de plusieurs milles. Sa citadelle, située à une demi-portée de canon de la ville, a deux enceintes; elle a pendant bien long-temps été un objet de contestation entre les Turcs et les Persans, qui tour-à-tour l'ont prise et reprise plusieurs fois; elle est actuellement au pouvoir des derniers. Un khan, qui a titre de beglierbey, en est le gouverneur; il y entretient trois bataillons réguliers et une demi-compagnie d'artillerie à cheval, outre les soixante bouches à feu qui forment l'armement de la place.

Euphrate, grande rivière d'Asie, qui prend sa source dans l'Arménie turque, aux environs d'Arzeroum, sa capitale. Il est célèbre dans l'antiquité par les villes magnifiques qui ornaient ses rives, et au nombre desquelles était Babylone. L'Euphrate se réunit au Tigre à Korna, village situé à quarante lieues environ de son embouchure dans le golfe Persique.

G.

Géorgie, petite principauté montagneuse, située entre la mer Noire et la mer Caspienne, et en partie entourée des ramifications du Caucase. Le climat en est aussi tempéré que la terre productive. Les habitans en sont beaux, forts, bien faits, braves, et tous portés au métier des armes, mais paresseux et indolens. Ils sont singulièrement attachés à leur pays, et s'en éloignent rarement pour ne plus y retourner. La Géorgie forme maintenant un des gouvernemens de l'empire de Russie. Tiflis en est le chef-lieu.

Ghomron, ou *Bender-Abas*, ville et port de mer de la province du Kerman, construits par Abas-le-Grand à l'entrée du golfe Persique, vis-à-vis l'île d'Ormus. La ville est actuellement au pouvoir de l'iman de Mascate, mais réduite à fort peu d'habitans : quant au port, il est en partie comblé faute d'entretien.

Golfe Persique, bras de mer qui sépare l'Arabie de la côte méridionale de Perse ; il est renommé pour la pêche des perles, qui y sont abondantes, particulièrement aux environs de l'île de Bahreim. Ce golfe est infecté de pirates arabes très-cruels, dont la majeure partie se compose de la tribu des Joâlmis qui est protégée par l'Iman de Mascate.

Guilan, province de Perse qui s'étend le long du rivage occidental de la mer Caspienne. A la considérer par son sol et ses productions, c'est un véritable Éden ; elle est magnifiquement boisée ; l'oranger, le citronnier, le grenadier et la vigne y viennent sans culture ; celle-ci est supportée par des arbres entre lesquels les ceps, chargés de fruits de la plus agréable saveur, serpentent en festons ; mais le climat en est si malsain et l'air si pestilentiel en été, qu'il est presque impossible de l'habiter pendant cette saison. Le Guilan produit quantité de superbe soie, dont il fait un grand commerce avec la Russie ; on y recueille aussi quantité d'excellens riz. Recht en est la capitale.

H.

Hamadan, anciennement *Ecbatane*, capitale de la Médie, ville aujourd'hui très-médiocre de l'Irak-Adjémi ; ses environs sont magnifiques et contiennent des antiquités fort curieuses. Les bas-reliefs de Bilotonn, entre autres, rappellent de grands souvenirs ; M. Kinneir est parvenu à en expliquer le véritable sens. Les jardins d'Hamadan sont renommés par la beauté de leurs fruits.

Haram-Baglar, village de l'Arabie déserte, sur la route des caravanes qui se rendent de Bassora à la Mecque.

Hékary, province ou pour mieux dire souveraineté du Kurdistan, qui s'étend sur le grand Zab, depuis Koschal jusqu'à son confluent avec le Tigre. Elle est indépendante, quoique tributaire de la Perse, et gouvernée par un vieillard nommé Mustapha Khan, qui peut réunir quarante mille hommes d'infanterie presque tous chrétiens du rit nestorien. Le Hékary n'est accessible du côté de la Perse que par deux sentiers, où les chameaux ont bien de la peine à passer.

Hérat, ville considérable du Khorassan, et faisant partie des états du roi de Cabul; voyez-en la description dans l'introduction.

Hircanie; elle comprenait jadis tout le Guilan, le Mazendéran, quelques parties sud-ouest du Khorassan, et même de l'Irack-Adjémi si l'on en croit quelques géographes.

Hoorom, ville peu considérable du Fars; elle est le chef-lieu d'un district gouverné par un khan subordonné du béglierbey de Schiras.

Hormuz, voyez *Ormus*.

Inde, grand empire d'Asie, divisé en ce que les naturels nomment Indostan proprement dit, et en presqu'île ; elle est bornée au nord par le Thibet et la Tartarie, au sud par la mer, à l'est par le Birman et le golfe du Bengale, et à l'ouest par l'Indus et le golfe d'Arabie. Les Anglais y sont aujourd'hui très-puissans ; quoique obligés de soutenir une guerre continuelle contre les habitans, leur joug n'y est pas léger. Ils y ont trois présidences, dont les chefs-lieux sont Calcutta pour le Bengale, le fort Saint-Georges pour Madras et la côte du Coromandel, et Bombay pour tous les établissemens de la côte de Malabar.

Indes (*mer des*), comprend toute cette partie de l'Océan qui forme un grand golfe, depuis le cap des Aiguilles, à l'extrémité sud de l'Afrique, jusqu'au cap Chatam de la Nouvelle-Hollande.

Indostan, voyez *Inde*.

Irack-Adjémi, ancienne *Parthie*, grande province au centre de la Perse. Elle est actuellement en grande partie inculte, autant par la pénurie d'eau que par les malheurs qu'elle a éprouvés pendant les guerres civiles, et dont elle se remettra difficilement. Le grand désert salé de Noubend-Jan, qui la sépare du Khorassan, en dépend. Ispahan en est la capitale.

Irack-Arabi, anciennement *Mésopotamie*, est une province située entre le Tigre et l'Euphrate. Quoiqu'une des plus célèbres de l'antiquité pour la magnificence de ses villes, elle n'en est pas moins aujourd'hui presque partout déserte : quelques villes éparses, ou plutôt de misérables villages, et quelques tribus Curdes, vivant en nomades, forment la majeure partie de la population. On ne peut la traverser sans éprouver un sentiment pénible, surtout en voyant les lions, les panthères et les hiènes creuser leurs repaires sous les ruines du palais de Sémiramis et du temple de Bélus.

Ispahan, capitale de la Perse, et jadis une des plus grandes, des plus vastes et des plus magnifiques du monde. Le fleuve Zendroud la traverse ; sa décadence date de l'invasion des Afgangs ; elle contenait alors plus d'un million d'habitans ; ses édifices publics, ses palais, ses ponts, ses promenades, surpassaient tout ce que nous avons en Europe dans ce genre. Elle ne présente plus que des monceaux de ruines, au milieu desquels on trouve çà et là quelques maisons habitées ; les édifices publics, les palais et les ponts sont néanmoins encore en assez bon état, grâce aux soins de Badji-Mohamed-Houssem-Khan, son ancien gouverneur, et aujourd'hui l'un des ministres du roi, qui met sa gloire à la réparer et à lui rendre son ancienne splendeur ; mais il réussira difficilement tant que le roi ne s'y fixera pas avec sa cour. Sa population augmente cependant d'une manière sensible, car lorsque M. Olivier la visita, elle ne comptait guère que

5o,ooo habitans, tandis qu'il y en a maintenant près de 4oo,ooo, vu la quantité d'étrangers qui y affluent depuis que la Perse jouit de la tranquillité.

K

Kabouchan, ville considérable et très-forte, à l'ouest du Khorassan; elle est la capitale d'un chef qui s'est rendu indépendant et peut mettre environ vingt mille hommes sur pied.

Kandahar, grande ville du royaume de Cabul, autrefois capitale de l'Afganistan. Elle est très-peuplée et très-abondante en comestibles de toute espèce, qu'on y trouve à meilleur marché que dans toute autre partie de l'Asie. Ses melons d'eau sont très-renommés, et l'on en envoie jusqu'à l'extrémité de l'Inde. La ville actuelle a été bâtie par Nadir-Schah, qui fit détruire l'ancienne forteresse, parce qu'elle lui avait résisté près d'un an. Kandahar est la patrie du fameux Mir-Veiss, qui érigea le premier l'Afganistan en royaume, et dont le fils Mohamed détrôna l'infortuné Schah-Housseïm, dernier roi de la race des Sephis.

Karabag, district de Perse très-montagneux et très-boisé, situé entre le Kur et l'Araxe. Il a été long-temps un objet de contestation avec la Russie, au pouvoir de laquelle le roi de Perse l'a cédé à la paix dernière; Gandja en est le chef-lieu.

Kartedje, rivière assez considérable, à neuf pharsanges ouest de Téhéran, sur les bords de laquelle le roi a fait récemment construire une petite ville avec un très-beau palais pour lui, qu'il a nommé Soleymanie. Au printemps, cette rivière acquiert une hauteur et une rapidité extraordinaires; mais dans l'été on la passe partout facilement à gué.

Kars, ville assez considérable de l'Arménie turque, située sur la frontière de Géorgie; elle a un château fort sur une montagne escarpée, au pied de laquelle est la ville; quoique ses fortifications ne se composent que de murailles et de tours, il n'est pas moins fort difficile à prendre, vu l'escarpement de sa position; il a été plusieurs fois assiégé sans succès. Cette ville est au pouvoir des Turcs qui y ont un pacha de seconde classe, subordonné à celui d'Arzeroum.

Kaschan, grande ville de l'Irack-Adjémi, l'une de celles que les Persans considèrent comme sainte, à cause des tombeaux qu'elle renferme; elle est renommée pour ses manufactures d'étoffes de coton, de vélours, de soieries et de brocards; elle a aussi des fabriques d'objets en cuivre dont elle fait un grand commerce. Ses fruits, et notamment ses melons d'eau, surpassent, dit-on, en saveur ceux d'Ispahan. La rivière de Koúrou la traverse, et, par le moyen de petits canaux, arrose toute l'immense plaine à l'extrémité de laquelle la ville est située. Elle est gouvernée par un khan qui porte le titre de beglierbey, bien que subordonné à celui d'Ispahan.

Kerman, ancienne *Kermanie*, vaste province située entre le Fars et le golfe Persique ; elle était renommée par le port de Ghomron et par l'île d'Ormus qui en est peu éloignée. Elle est actuellement fort peuplée, et divisée entre plusieurs chefs qui s'entredéchirent; le roi de Perse n'en possède plus qu'une très-petite partie à l'ouest, et l'iman de Mascate s'est approprié les côtes. Cette province a des fabriques de schals fort estimés en Asie. Sirdjan est son chef-lieu.

Kermanscha, chef-lieu de la province du Kurdistan persique, qui forme, avec le Laristan et le Khousistan, l'apanage de Mohamed-Aly-Mirza, fils aîné du roi; ce prince y a fixé sa résidence, et y tient une cour assez nombreuse, mais toute militaire. Il peut mettre trente mille hommes de cavalerie sur pied, mais il n'a ni infanterie ni artillerie, car il ne faut pas compter comme telle quelques zombareks.

Kermelin, ville assez considérable du Kerman, chef-lieu d'un district à l'ouest de cette province, sur la rivière Key-ab, qui tombe dans le golfe

Persique aux environs de Ghomron. Elle est gouvernée par un chef afgang, qui s'est soustrait à l'autorité du roi de Perse.

Khoé, grande et magnifique ville de l'Azerbidjan, située au milieu d'une vaste plaine, sur l'Otour qui la traverse, et dont on a tiré de petits ruisseaux qui coulent au milieu des rues à travers deux rangées d'arbres. Elle est en grande partie habitée par des Arméniens ; elle était autrefois fortifiée de hautes murailles flanquées de grosses tours ; mais le prince royal, vu l'importance de sa position, l'a récemment fait fortifier à l'européenne. Lorsque je quittai la Perse, elle avait déjà un front totalement terminé ; la place doit former un pentagone irrégulier. Elle est gouvernée par un khan de première classe, qui a le titre de beglierbey, mais qui est vassal du prince royal ; l'autorité des gouverneurs de Khoé s'étend sur plusieurs districts du Kurdistan, tributaires de la vice-royauté de l'Azerbidjan.

Khorassan, grande province au nord de la Perse, qui formait jadis un royaume célèbre ; elle est en grande partie détachée de l'autorité du roi, qui la recouvre néanmoins peu-à-peu ; les Afgangs et les Turcomans en possèdent les parties nord et sud, et Néras, sa capitale, est au pouvoir du roi de Cabul. Les Persans ont coutume de nommer la province du Khorassan la terre sainte ou sacrée, comme on le voit d'après les expressions employées par Thamas-Kouly-Khan, en y exilant Thamas-Schah, son maître. Cette opinion est sans doute fondée sur les nombreux pélerinages que Meschcd y attire de toutes les parties de la Perse.

Khousistan ancienne *Susiane*, petite province bornée au nord par la chaîne de montagnes du Laristan, et au sud par le golfe Persique. Elle est aujourd'hui presque déserte, après avoir été jadis la plus célèbre, la plus riche et la plus peuplée de la Perse. La ville de Suz, ancienne Suze, capitale de l'Assyrie, et celle de Schuster qui lui conteste cet honneur, sont toutes deux au centre de cette province; la première en est encore considérée comme la capitale; le Khousistan dépend aujourd'hui du Kerman-Schah, quoique gouverné par un khan qui a le titre de béglierbey.

Kom, ancienne et grande ville de l'Irack-Adjémi, sur la rivière Tcher-Bakan; on la nomme aussi la ville sainte, parce que tous les descendans d'Aly sont enterrés tant dans la ville qu'aux environs; cette raison a engagé plusieurs rois à la choisir pour le lieu de leur sépulture. Elle est défendue par d'assez bonnes murailles flanquées de tours; elle a de fort belles manufactures d'étoffes; celle de lames de sabres était autrefois très-renommée; mais elle n'est plus en activité depuis long-temps. Kom a aussi de très-beaux jardins qui produisent des fruits délicieux. Elle est gouver-

née par un beglierbey de première classe, quoique subordonné à celui d'Ispahan.

Kurdistan, pays habité par les Curdes; il
comprend une partie de l'ancienne Mésopotamie, portion de l'Arménie, et même de quelques
provinces de Perse; cette dernière partie se nomme
Kourdistan persique, et fait partie du gouvernement de Mohamed-Aly-Mirza. Le pays nommé
Kourdistan propre est divisé en autant de souve-
rainetés qu'il y a de tribus isolées, mais tributaires de la Perse ou de la Turquie.

L.

Laar, petite ville de la province du Kerman,
autrefois capitale d'un royaume connu sous le
nom de Laristan, et réuni à la couronne de Perse
par Abas-le-Grand. Elle possédait autrefois les
plus beaux bazars de Perse, et le commerce y
était en très-grande activité. Les chaleurs y sont
excessives et l'eau très-rare. Laar est défendu
par un fort construit par Abas Ier, d'après un
bon plan, mais qui est fort mal entretenu. Cette
place est gouvernée par un khan subordonné au
beglierbey du Kerman.

Laristan, nom d'un petit royaume réuni à la
couronne de Perse, et qui fait actuellement partie de la province du Kerman.

Lankaran, petite ville sur les bords occidentaux
de la mer Caspienne, chef-lieu du district du
Talichah. Elle a été détruite par les Persans au
mois d'Août 1812, parce que le khan qui la gou-
vernait s'était soustrait à l'autorité du prince
royal; elle fut reprise par les Russes au mois de
décembre de la même année, quoique les Persans y eussent construit un fort où ils espéraient
braver tous leurs efforts, et où ils perdirent beaucoup de monde. La rade de Lankaran est assez
bonne, et quoique ouverte à tous les vents, elle
est préférée aux autres par les marins, en raison
de la bonté et de la sûreté de son mouillage.

Laristan, petite province montagneuse enclavée entre l'Irack-Adjémi et le Khousistan. Elle
est en grande partie habitée par des tribus nomades qui dressent leurs tentes dans ses vallées
pendant neuf mois de l'année, et qui font pour
la plupart le métier de brigands, à l'imitation des
Curdes leurs voisins. Cette province, ainsi que le
Khousistan, dépend du gouvernement de Kermanscha; elle est néanmoins sous la juridiction
d'un khan de seconde classe qui réside à Couma-
bad, sa capitale.

M.

Madras, ville de l'Inde, extrêmement forte,
sur la côte du Coromandel. Elle est divisée en

deux parties, la forteresse que l'on nomme communément le fort Saint-Georges, et la ville Noire qui en est éloignée d'une demi-portée de fusil, et n'a qu'une muraille en pierres sèches pour enceinte. Madras est le chef-lieu de la présidence et de tous les établissemens anglais de cette côte.

Maraja, grande ville, chef-lieu d'un district, et autrefois capitale de l'Azerbidjan, située au sud-est du lac Schcht. Cette ville était célèbre par l'observatoire de l'astronome Ouleough-Beigh, dont les tables sont encore très-estimées. Elle renferme des souterrains d'une haute antiquité, taillés dans le roc, qui paraissent avoir été des temples de l'idolâtrie, ils ressemblent beaucoup, par leurs dimensions et leurs formes, à ceux de certaines castes d'Indous que M. Kinneir a vues dans l'Inde. Maraja est gouverné par le fameux Achmed-Khan, vieillard respectable, qui avait la vice-royauté de l'Azerbidjan avant que le prince royal en fût investi.

Marend, petite ville très-peuplée, chef-lieu d'un district assez considérable de l'Azerbidjan; elle est située dans une assez belle plaine près de la rivière Seloloo, sur les bords de laquelle on trouve de magnifiques jardins. Les pâturages de Marend sont très-estimés; le prince royal les a donnés en propriété à sa cavalerie régulière qui y passe trois mois chaque année. Elle est gouvernée par un khan de deuxième classe.

Mazendéran, province médiocre, située à l'extrémité sud de la mer Caspienne, et enclavée dans une chaîne do hautes montagnes, à travers lesquelles il n'existe, du côté de la Perse, qu'un seul passage que l'on nomme le Pile-rod-Bar, défilé qu'une poignée d'hommes pourrait aisément défendre contre une armée. Elle était aussi accessible du côté du Guilan par la fameuse chaussée qu'Abas Ier avait fait construire, et qui traversait ces deux provinces en longeant la mer Caspienne. Le Mazendéran est presque aussi productif que le Guilan, sans être aussi malsain. Les habitans, qui sont presque tous Kadjards, sont réputés pour très-braves et très-laborieux. Astrabad en est devenue la capitale depuis qu'il fait partie de cette province; avant cette époque Sari était la résidence du gouverneur.

Mecque (la), ville considérable de l'Arabie déserte, célèbre par son temple qui était en grande vénération chez les Arabes avant Mohammed même. Les traditions du pays prétendent qu'il a été élevé par Abraham; la pierre noire qui est l'objet d'un culte particulier se trouve incrustée dans un des coins du temple (que l'on nomme la Kaaba), et tout bon musulman doit la baiser chaque fois qu'il en fait le tour. A l'époque où

Mohammed introduisit l'islamisme, la Mecque, dont il avait été chassé comme un vagabond, lui opposa de grands obstacles; il l'assiégea et finit par la prendre et y régner paisiblement. C'est de l'époque de cette expulsion que date l'ère musulmane nommée hégire. Le gouvernement de la Mecque est très-lucratif, le chérif qui le possède soutirant de fortes sommes des nombreux pèlerins qui y affluent de toutes les contrées assujéties à la loi de Mohammed. Les musulmans, en priant, font toujours face du côté de la Mecque, et ils nomment cela la Keebla.

Mascate, petite ville de l'Arabie Heureuse, capitale de la province d'Oman; elle est située sur le golfe d'Arabie. Son port, qui est assez bon, est défendu par deux forts bien armés. La province d'Oman est gouvernée par un iman dont les forces maritimes sont assez considérables pour le pays. Les environs de Mascate sont arides, couverts de rochers; c'est pourquoi l'iman ne l'habite jamais. Il a fixé sa résidence à quelques lieues de la ville, dans une campagne qu'on dit être assez agréable. Cette ville est très-commerçante et possède de beaux bazars, où l'on trouve en abondance toutes les marchandises de l'Inde; les perles y sont à fort bon compte, et c'est à Mascate qu'il s'en fait le plus grand commerce depuis qu'Ormus n'appartient plus aux Portugais.

Médie, ancien royaume d'Asie. Voyez *Azerbidjan*.

Mekran, ancienne Gédrosie, grande province au sud-est de la Perse, remplie d'affreux déserts, et dont on connaît fort peu l'intérieur. Elle est au pouvoir de plusieurs scheiks arabes qui se la sont partagée et qui ne conservent pas la moindre relation avec la Perse. Il y a quelques années que la compagnie des Indes anglaise, curieuse de savoir si, en cas d'invasion, on pourrait traverser cette province pour gagner le Sind, y envoya quelques officiers ; j'ai connu l'un d'eux, le major Christie, homme aussi bravé et estimable qu'instruit, et le tableau qu'il m'en a fait justifie bien celui des historiens d'Alexandre qui la représentent comme la contrée la plus aride, la plus déserte et la plus affreuse du monde. La côte de cette province est au pouvoir de l'iman de Mascate.

Merou, petite ville à l'est du Khorassan, qui se trouve actuellement sous la puissance d'un khan rebelle qui a pris le titre de roi de Bokarata ; son frère en est gouverneur ; elle était autrefois considérable, mais les différentes révolutions dont elle a été la victime ont réduit sa population à moins de trois mille âmes.

Mesched, mot qui signifie lieu de martyre, et que les Persans ont donné à toutes les villes où sont enterrés leurs imans où les descendans du prophète qui ont péri de mort violente. La ville de ce nom, la plus connue, est située au centre du Khorassan, et porte le nom de ville sainte, à cause du tombeau de l'iman Nisa qu'elle renferme. Les Persans qui l'ont en grande dévotion y viennent souvent en pélerinage. Elle est riche et bien peuplée; Nadir Schah contribua beaucoup à l'embellir, en y faisant construire quantité de beaux édifices, tels que des colléges et des mosquées. Elle est aujourd'hui au pouvoir du roi, et gouvernée par un des princes ses fils, qui y réside.

Mésopotamie. Voyez *Irack-Arabi.*

Mogan, désert situé dans le district du Talich, le long des bords occidentaux de la mer Caspienne, entre l'Arkiarau et l'Araxe; il y croît au printemps de l'herbe dont la hauteur et l'épaisseur sont surprenantes, car elle a près de quatre pieds dans quelques endroits; mais les grandes chaleurs de l'été l'enflamment et n'en font qu'une plaine de feu, alors la terre se dessèche et forme des crevasses très-dangereuses qui ont jusqu'à deux pieds de largeur. Ce désert est rempli de toutes sortes de grand gibier; on le voit par troupeaux de trois à quatre mille têtes; il contient aussi beaucoup d'énormes serpens. C'est dans le Mogan que Thamas-Kouly-Khan fut élu roi de Perse par les grands de l'empire qu'il y avait convoqués. La place de sa tente y est encore remarquable, en ce qu'elle forme un tertre de terres rapportées qui domine toute la plaine.

Mourab, rivière qui sépare l'Arménie turque du Kourdistan, et forme une des branches méridionales de l'Euphrate.

N

Nackchiévan, grande ville d'Arménie, ruinée depuis qu'Abas-le-Grand ravagea ce royaume pour en former une barrière entre la Perse et la Turquie. Elle est aujourd'hui le chef-lieu d'un district de la province d'Aran, et quoiqu'elle se soit un peu relevée, elle est néanmoins toujours dans un état déplorable; on n'y voit que ruines entassées les unes sur les autres, et il est à présumer qu'elle ne reviendra jamais à l'état florissant dont elle jouissait avant le règne de ce prince cruel et machiavélique. Elle avait à cette époque quarante mille maisons, et sa population allait au-delà de trois cent mille habitans. Les traditions du pays lui donnent une origine fort ancienne; quelques-unes disent qu'elle fut fondée par Noé à sa sortie de l'arche, qui s'arrêta sur le mont Ararat, lequel n'en est pas loin. Nackchiévan est maintenant gouvernée par un misérable kad kouda, comme un village.

Neharend, petite ville de l'Irack-Adjémi, célèbre par la bataille que Mohammed y gagna sur les Persans, et qui lui livra toute la Perse, en mémoire de quoi elle fut nommée victoire des victoires. Cette ville est le chef-lieu d'un district dépendant d'Ispahan.

Nermanchir, ville médiocre, chef-lieu d'un district du Kerman, frontière du Mékran; elle est actuellement en état de rébellion, et fait partie des domaines usurpés par un chef nommé Raschid-Khan, qui y a sa résidence.

Nichabourg, ville assez considérable, chef-lieu d'un district de la province du Khorassan. Elle était autrefois riche, grande et ornée de magnifiques édifices; on la comptait au nombre des villes royales de cette province. Les trois quarts sont en ruines, et elle fait partie des possessions du roi. Un khan de deuxième classe, subordonné au beglierbey de Mesched, en est le gouverneur.

Nissa, petite ville au nord du Khorassan, chef-lieu d'un district qui s'étend jusqu'au grand désert de Kravah dans le Karesme. Elle est située sur une des branches de l'Ochus, fleuve qui se jette dans la mer ou lac d'Aral. Elle est détachée de l'empire, et gouvernée par un chef rebelle, d'origine turcomane, dépendant de celui d'Abiverd.

Noubendian, grand désert salé qui sépare le

Khorassan de l'Irack-Adjémi et qui fait partie
de cette dernière province. Il y a aussi une ville
de ce nom dans le Farsistan, située sur une des
branches du Bund-Emir.

O.

Ormus ou *Hormouz*, petite île du golfe Persique, peu éloignée de la côte de Perse et en face
de Ghomron. Les Portugais l'ont eue en leur
puissance jusqu'au règne d'Abas Ier qui les en
chassa à l'aide d'une flotte anglaise ; depuis ce
temps la ville et le fort tombent en ruines et n'ont
plus d'habitans. L'iman de Mascate s'en est em-
paré pendant les troubles qui ont déchiré la Perse,
et il la conserve avec le consentement du roi,
moyennant une redevance de la moitié du produit des douanes, ce qui n'est pas considérable.
L'île n'est, à bien dire, qu'un rocher stérile, où
il n'y a d'autre eau que celle des citernes ; sa
situation seule lui donne de l'importance comme
clé du golfe.

Oslanduz, nom d'un gué de l'Araxe, situé
un peu au-dessus de sa jonction avec le Kur. Il est
connu par une bataille que les Russes y gagnèrent
sur les Persans dans le mois d'octobre 1812, et à
la suite de laquelle ces derniers perdirent la totalité de leur artillerie et de leurs munitions.

Oudjan, grande plaine à neuf pharsanges est

de Tébris, au milieu de laquelle le prince royal a fait construire un palais. Il y a aussi un village de ce nom dans le Farsistan, entre Yezde-Cast et Schiras, et sur la route d'Ispahan à cette dernière ville.

Ourouméa, ancienne *Thabarma*, grande ville, riche et bien peuplée, située sur les bords du lac Schehi, que l'on nomme aussi lac d'Ourouméa. Elle est aujourd'hui le chef-lieu de la tribu des Afgards, dont Nadir-Schah est issu. Elle est défendue par une bonne muraille, flanquée de grosses tours à la manière turque ; elle est gouvernée par un beglierbey de première classe, frère de la femme favorite du roi, ce qui ne l'empêche pas d'être subordonné au prince royal, auquel il obéit malgré lui. Il a obtenu par le crédit de sa sœur ce gouvernement, au grand regret de tous les grands, parce qu'il n'est point de leur tribu.

P.

Parthie, nom sous lequel on désignait l'empire des Parthes. Voyez *Irack-Adjémi*.

Perse, vaste empire d'Asie, qui était autrefois connu sous le nom d'*Iran*, et comprenait quantité de provinces qui sont actuellement sous l'autorité de chefs rebelles. Il s'étend depuis le 25e jusqu'au 44e degré de latitude septentrionale, et depuis le 60.e jusqu'au 87.e de longitude. Son antiquité se perd dans la nuit des temps, et les orientalistes les plus distingués n'ont proposé à cet égard que des conjectures peu satisfaisantes.

Persépolis (ruines de) ; elles sont situées dans la province du Farsistan, à l'extrémité de la plaine de Merdack , au nord et à quelques lieues de Schiras. La description de ces ruines a été faite par tant d'auteurs que je n'oserais l'entreprendre ; cependant, comme ils diffèrent entre eux sur divers points, je conseille aux lecteurs de consulter l'ouvrage de M. Morier, qui m'a semblé le plus exact ; il est d'ailleurs exempt d'un certain charlatanisme que l'on rencontre dans beaucoup d'autres.

R.

Rey, la *Rhagès* de l'antiquité, célèbre pour avoir été le berceau et la résidence de prédilection du fameux calife Aroun-el-Rachid. Cette ville était une des plus grandes du monde ; sa population montait, dit-on, à trois millions d'habitans, et ses murailles avaient plus de vingt lieues de tour ; ses ruines en couvrent aujourd'hui plus de dix de circonférence. On voit encore des restes de murailles assez bien conservés, ainsi que des fragmens d'édifices dont on reconnaît à peine le plan : elles sont à environ deux lieues au sud-est de Téhéran.

Reschd, ville assez considérable, sur les bords occidentaux de la mer Caspienne, et la capitale du Guilan. Elle est très-commerçante en soierie, dont on exporte des quantités extraordinaires chaque année; les Russes sont actuellement en possession de ce commerce lucratif. La ville est très-malsaine pendant l'été, et ce qui y contribue davantage, c'est la mauvaise qualité de l'eau qui est saumâtre et laxative. Reschd est gouvernée par un khan de première classe, qui est subordonné au prince royal.

S.

Salmas, grande ville très-peuplée, chef-lieu d'un district assez considérable; elle est située au milieu d'une plaine immense. La majeure partie de ses habitans est composée d'Arméniens et de Nestoriens. La plaine de Salmas est une des plus productives de la Perse; elle est remplie de jardins qui donnent des fruits excellens et très-recherchés. La population de la ville est peu de chose en comparaison de ce qu'elle a dû être, si l'on en juge par les ruines qu'elle renferme et qui en forment presque les trois quarts; elle contient cependant encore près de trente mille âmes. Salmas est la seule ville de Perse où il y ait une église catholique romaine administrée par un vieillard nestorien qui a été sacré évêque à Rome, où il a fait ses études.

Sawa, petite ville fort ancienne de l'Irack-Adjémi. Elle était autrefois très-considérable; mais elle est réduite à moins d'un huitième : elle est située au milieu d'une plaine aride, ce qui en rend le séjour désagréable ; détruite plusieurs fois, on ne peut la considérer que comme un bourg médiocre.

Schasedan, district voisin du Talichah, et comme lui borné par le désert de Mogan. Il est habité par une tribu d'Afchards, qui fournit de bons fantassins. Il est gouverné par un khan de première classe. Enderat en est la capitale.

Schiras, capitale du Farsistan, était autrefois une des plus belles et des plus agréables villes de Perse ; mais aujourd'hui elle n'a plus rien de son antique splendeur. Elle est renommée pour avoir donné le jour aux célèbres poètes Sady et Hafis; on y voit encore leurs tombeaux, et dans une petite baraque contiguë, une superbe collection de leurs œuvres. Le vin de Schiras est justement renommé dans toute l'Asie. Cette ville a été plusieurs fois la résidence des souverains de Perse ; Kérim-Khan, entre autres, qui y tenait sa cour, l'avait fort embellie et parfaitement fortifiée; mais le cruel et féroce Mohammed-Khan la détruisit lorsqu'il s'en rendit le maître ; et il n'est plus possible de la reconnaître dans les brillantes descriptions que les poètes en ont faites.

Scutary, petite ville sur la rive droite du Bosphore, vis-à-vis Constantinople, dont elle est considérée comme un des faubourgs. Elle n'a rien de remarquable que son cimetière qui est sans contredit le plus vaste et le plus beau du monde par la quantité de superbes mausolées qu'il renferme et les lugubres cyprès qui les entourent ; il s'étend le long de la route dans une longueur de près d'une lieue sur presque autant de largeur. Les Turcs ont beaucoup de répugnance à être enterrés en Europe, et ceux qui peuvent le faire, ordonnent dans leurs testamens que leurs corps soient transportés dans ce qu'ils appellent la terre sacrée d'Asie, sur laquelle se trouve Scutary.

Sedjestan ou *Sijistan* , grande province de Perse, enclavée entre le Zablestan, l'Irack-Adjémi, le Khorassan et le Mekran. Elle est gouvernée par un certain Béhéram-Khan, qui, après avoir usurpé le pouvoir, l'a érigé en royaume de sa propre autorité, et prend en conséquence le titre de schah. Il fait sa résidence à Zarang, ville assez considérable, sur la rivière Kind-Mend , qui se décharge dans le grand lac de Zark, situé sur les confins du Khorassan.

Sind, province considérable, à l'extrémité sud-est de la Perse, et qui est enclavée entre le Mékran et le fleuve Indus. Elle est actuellement en état de rébellion et au pouvoir de quantité de petits chefs baloutches qui s'entre-déchirent, et dont les domaines n'excèdent pas, pour la plupart, dix ou douze lieues de circonférence. Elle dépend des états du roi de Cabul depuis la cession que Nadir-Schah lui en fit à son retour de l'Inde; mais il n'y est pas plus reconnu que celui de Perse, auquel cette province appartient foncièrement.

Sirdjan ou *Kerman*, ville assez considérable, chef-lieu de la province de ce nom, située sur la rivière Dardabrie; elle est assez forte et bien entretenue. Luft-Aly-Khan, s'y étant réfugié, y soutint un long siége, et Mohammed-Khan n'y entra que par trahison des officiers de ce malheureux prince. Elle est au pouvoir du roi, et forme la résidence d'un beglierbey de première classe.

Sistan. Voyez *Sedjestan.*

Soleymanie. Voyez *Karedje*, fleuve sur lequel elle est construite.

Sultanie, ancienne et autrefois grande et magnifique ville de l'Irack-Adjémi, située au milieu d'une plaine immense. Elle n'a plus rien de remarquable qu'une mosquée d'une architecture magnifique où se trouve le tombeau du roi Mohammed-Khodaboulat; elle est totalement ruinée, et les Persans en détachent les pierres et les marbres pour orner leurs maisons. La ville de Sultanie n'a plus que quelques maisons habitées. C'est à une demi-lieue de ses ruines que le roi

vient chaque année asseoir son camp de plaisance,
autour d'un petit palais qu'il a fait construire sur
un tertre qui domine la plaine et où l'on a une
vue magnifique ; cette espèce de pavillon est destiné au logement des femmes, le roi se réservant
la totalité des tentes tant pour lui que pour toute
sa cour.

T.

Tackli-Kadjard, maison de plaisance du roi à
une forte lieue et demie de Téhéran ; elle est
bâtie dans un assez bon goût, sur le penchant
d'une montagne d'où découle l'eau qui arrose
tous les appartemens.

Talichah, grand district de la province du
Guilan , qui longe les bords occidentaux de la
mer Caspienne, et dont le désert du Mogan fait
partie. Lankaran en est la capitale. Il a été cédé
à la Russie par le dernier traité de paix.

Tassudje, autrefois ville très-considérable et
très-peuplée de l'Azerbidjan , si l'on en juge d'a-
près ses ruines et le nombre des mosquées qui
existent encore ; elle était renommée pour la
beauté de ses jardins ; sa situation est enchante-
resse. Tassudje est à environ deux lieues du lac
Schehi, sur un monticule qui s'incline vers ses bords
en pente douce , près d'un petit ruisseau qui s'y
rend après avoir arrosé la plaine qui l'en sépare.

Taurus, chaîne de montagnes qui part du Caucase et traverse toute la Perse de l'est à l'ouest. Elle a plusieurs ramifications connues sous des noms différens, telles que l'Elvand, l'Albours, le Zagros.

Tébris, ville considérable et capitale de l'Azerbidjan, autrefois une des plus grandes cités d'Asie. Elle est sujette aux tremblemens de terre qui l'ont ruinée plusieurs fois ; elle s'est néanmoins toujours relevée, et elle compte aujourd'hui plus de cinquante mille habitans. Le prince royal y a fixé sa cour, ce qui contribue à l'embellir et à l'enrichir.

Thebs, petite ville à l'ouest du Khorassan, chef-lieu d'un petit district sous l'autorité du roi, qui est gouverné par un khan dépendant de Mesched.

Téhéran, ville médiocre de l'Irack-Adjémi, aujourd'hui capitale de la Perse, ou du moins lieu où le roi a fixé sa résidence pour deux motifs, d'abord parce qu'elle est moins sujette aux révolutions et plus rapprochée du Mazendéran, qu'habite la tribu des Kadjards, dont il est chef ; ensuite, parce qu'en temps de guerre avec la Russie, ce point le rapproché davantage des frontières et le met à même de surveiller les opérations militaires.

Thibet (Petit-), souveraineté au pouvoir du Grand-Lama ; elle est située au nord-est de la province de Cachemire, et fort peu connue des Européens.

Tigre, grand fleuve d'Asie, dans la province d'Irack-Arabi, qui prend sa source dans les montagnes du Diarbékir, et se joint à l'Euphrate à Korna (voyez Euphrate). On voit encore sur ses bords les ruines de la célèbre ville de Ctésiphon.

Tokarestan, province de la Grande-Bukarie, à l'est de celle de Balk, et confinant à l'ouest du Petit-Thibet. Elle est indépendante et au pouvoir de plusieurs chefs turcomans ; sa capitale est Auderab, ville située sur une des branches méridionales de l'Oxus.

Turçomanie ou *Tartarie-Indépendante*, grande et vaste province au nord du Khorassan, au pouvoir des Tartares Usbecks, et peu connue des Européens.

Turkisch, chef-lieu d'un district du Khorassan. Elle est divisée en deux parties, la vieille que l'on nommait Sultan-Abad, et la nouvelle qui en est peu éloignée. Elle fait un commerce assez considérable avec Hérat et le Mazendéran ; elle est au pouvoir du roi, et est gouvernée par un khan de seconde classe, qui prend le titre de beglierbey, mais qui est subordonné au prince royal comme gouverneur du Khorassan.

U.

Utchmiacin, célèbre couvent d'Arméniens, situé dans le district d'Aran, à trois lieues nord-ouest d'Erivan; le grand patriarche y fait sa résidence. L'église, qui est fort riche, a été bâtie en 307 ; c'est une des plus anciennes de la chrétienté.

V.

Velas-Leerd, ville très-considérable de la province de Kerman, sur la rivière de Figur. Elle est le chef-lieu d'un district au pouvoir d'un chef baloutche indépendant.

Y.

Yesd, grande et ancienne ville de la province de Fars, renommée par ses fabriques de soieries, de coton et autres étoffes; ses fruits sont aussi fort estimés. C'est dans cette ville et aux environs que se sont réfugiés les Guèbres qui n'ont pas suivi leurs frères dans l'Inde : ils y sont néanmoins vexés d'une manière intolérable. Yesd est gouverné par un khan de deuxième classe, subordonné à celui de Schiras.

Z.

Zagros, branche du mont Taurus, qui sépare

la Perse des provinces turques et du Kourdistan en se plongeant du nord au sud, elle se joint en-suite à la chaîne des montagnes du Laristan, puis va se confondre avec celles de Yesdekoff.

Zindjan, grande ville, chef-lieu d'un district de Kamzet, sur la rivière de ce nom ; elle est fort ancienne, et située au milieu d'une plaine aride et rocailleuse. Elle a été détruite plusieurs fois, et notamment par Tamerlan ; mais elle s'est tou-jours relevée de ses ruines. La population en est considérable ; elle forme aujourd'hui l'apanage d'un des princes fils du roi, qui n'a pas plus de quinze ans.

FIN.

TABLE DES CHAPITRES

DU SECOND VOLUME.

FIN DE LA TABLE DU SECOND VOLUME.